智慧熊品质图书

时时阅读，时时收获

——全民阅读形象代言人

编 委 会

策　　划： 闻　钟

主　　编： 朱永新

执行主编： 耿玉苗

参编人员： 王　璐　牛靖璇　刘朋月　刘铁岩
刘蒙煌　刘毓菖　陈璐璟　欧阳雨甜
贾玄玄　徐　航　郭春燕　**（以姓氏笔画为序）**

快乐读书吧·统编小学语文教材必读丛书

闻　钟◎策划　朱永新◎主编

四年级下册

森林报

SENLIN BAO

〔苏联〕维·比安基◎著

姚锦镕　沈念驹◎译

有声朗读版

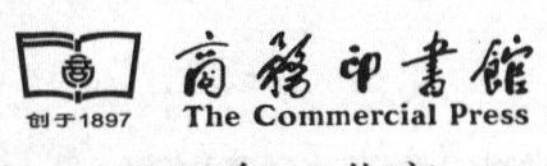

2020年·北京

森林年历

苏醒月

3月21日~4月20日

春季第一月

育雏月

7月21日~8月20日

夏季第二月

成群月

8月21日~9月20日

夏季第三月

候鸟辞乡月

9月21日~10月20日

秋季第一月

忍饥挨饿月

1月21日~2月20日

冬季第二月

熬待春归月

2月21日~3月20日

冬季第三月

候鸟回乡月

4月21日~5月20日

春季第二月

歌舞月

5月21日~6月20日

春季第三月

筑巢月

6月21日~7月20日

夏季第一月

仓满粮足月

10月21日~11月20日

秋季第二月

冬季客至月

11月21日~12月20日

秋季第三月

小道初白月

12月21日~1月20日

冬季第一月

Лесной календарь

图书在版编目(CIP)数据

森林报 /（苏）维・比安基著 ；姚锦镕，沈念驹译. —北京 ：商务印书馆，2020

（快乐读书吧・统编小学语文教材必读丛书）

ISBN 978 - 7 - 100 - 18051 - 1

Ⅰ. ①森… Ⅱ. ①维… ②姚… ③沈… Ⅲ. ①森林—少儿读物 Ⅳ. ①S7—49

中国版本图书馆 CIP 数据核字(2020)第 013786 号

权利保留，侵权必究。

森林报

〔苏联〕维・比安基 著

姚锦镕 沈念驹 译

插图绘制：杨 璐

商 务 印 书 馆 出 版

（北京王府井大街36号 邮政编码100710）

商 务 印 书 馆 发 行

唐山楠萍印务有限公司印刷

ISBN 978 - 7 - 100 - 18051 - 1

2020 年 3 月第 1 版　　开本 710×1000 1/16

2020 年 3 月第 1 次印刷　　印张 17

定价：29.80 元

总 序

让每个孩子的童年与好书相遇

资深儿童阅读、亲子阅读推广人　耿玉苗

打开一本书，就是打开一个奇妙的世界，孩子可以在书中看到世界，透过这个世界看到自己。好书的名字叫作“经典”，它们经历时间的考验从众多书籍中脱颖而出。西班牙安徒生文学奖获得者霍尔迪·塞拉·依·法布拉在《无字书图书馆》中有这样一段描述：“那些书是人类历史上最生动的艺术表现形式。那些书呈现了他们的经历。那些书是真理，是梦想，是现实，是幻象，是知识，是愉悦，是平静，是生命。”让每个孩子的童年与好书相遇，一直是我们作为教育引领者的美好愿望。

正是基于这样的思考，“快乐读书吧·统编小学语文教材必读丛书”呈现在了大小读者面前。在这套丛书中，你们会感受到文字的温度和力量，编辑的诚意和用心，印刷的质感和美感。这套丛书还专门设置了多个指导阅读的相关板块，提供了科学的阅读方法，以满足学生自主阅读的需求。学生在童年遇见这样的书，是幸运的，也是幸福的。童年书香弥漫，生命散发芬芳，手中的书单将成就生命的独特气象。阅读经典，远离平庸，当一个人学会仰望星空，遥望草原、沙漠、海洋，一定会意识到自然的神奇伟大，生命的格局也会更加辽阔。

那么这套丛书我们该如何阅读呢？

我们可以慢慢读、慢慢欣赏，也可以快速浏览，相信每个学生都有自己的阅读速度和阅读节奏。低年级的学生可以大声朗读，在阅读的过程中培养语感，并初步学习默读，做到不动唇，不出声，不指读，读着读着，那些精彩的语言就会悄悄变成精神的乳汁，变成滋养真善美的种子；中年级的学生要逐渐培养自己的默读能力，学会思考，在静思默想中与文字对话，试着提出一些小问题，与爸爸妈妈或与老师、同学讨论，让阅读因为思考而美丽；高年级的学生可以逐渐提高默读的速度，养成默读的习惯，达到每分钟阅读 300 字的速度，如果能够做到“不动笔墨不读书”就更好了。

阅读，是写作的上游！

阅读不仅能使孩子从书中感受真善美的力量，也能培养孩子讲故事的能力。阅读是慢的艺术，是一个聚沙成塔的过程，积累的过程就是在往自己的语言银行里存款。刚开始我们可能看不出有什么变化，但写起作文来，文思便会如涓涓小溪一般潺潺流淌。这就是文化的熏陶。它在不自觉中融入了阅读者的生命。胸中万卷风雷动，无端直奔笔下来。写作时信手拈来的从容，源自一点一滴的积淀。

我们阅读不仅仅是为了获取信息、学会表达，更重要的是通过阅读拥有不一样的眼光，从不一样的视角去观察世界上与众不同的风景，发现生活中纯粹、真实的美感，感知有限生命中的无限幸福，探寻自我存在的终极意义。阅读不是为了寻求一个答案，而是为了找到多种可能性。

全民阅读形象大使朱永新先生说：“一个人的精神发育史就是他的阅读史。”“一个民族的精神境界取决于这个民族的阅读水平。”一个民族需要有共同的书目，需要有共同的历史、共同的文化符号和共同的心灵密码。这些我们一起阅读的书，让原本陌生的灵魂一点点靠近，让我们逐渐拥有相同的精神尺码、相同的文化基因。一起读经典的书，就是真正地生活在一起。唯有如此，我们才会拥有共同的精神支柱，才能让民族文化薪火相传，生生不息。

读好书要趁早，时时都是好时节！

YUEDU XIAO YIN

阅读小引

森林里每天都在上演着各种各样精彩的故事：鹞鹰被一群白嘴鸦追捕，最后死里逃生；母熊结束冬眠之后带着它的宝宝出洞觅食；夜莺、甲虫、啄木鸟等动物组建了乐队，晚上在林中放声高歌，好不热闹……这些故事都记录在神奇的《森林报》上。

《森林报》是大自然生灵们的资讯平台。你知道毛脚燕是怎样搭巢的吗？你有没有见过候鸟万里大迁徙？你相信獾的洞有几十个进出口吗？森林里的趣事怪事，在《森林报》中都能看到。

作者比安基和其他驻林地记者为这些森林新闻提供了详细的观察报告。他们来自不同的地区，一直坚持不懈地收集着鸟兽虫鱼的生活素材。就像比安基说的："只有熟悉大自然的人，才会热爱大自然。"这些工作者正是带着对大自然的热爱和向往，热情地投入森林的怀抱。

从万物复苏的春天到寒冷凋敝的冬天，《森林报》记录了四个季节的森林新闻。通过用心阅读，你可以领略到大自然在每个月份的独特魅力。还等什么呢？赶快和森林里的小动物们一起踏上这趟神奇的自然之旅吧！

阅读规划与指导

阅读时间	阅读章节	重点篇目
周一到周三	苏醒月到歌舞月	《首份林区来电》《圣彼得堡州少年自然界研究者代表大会决议》《林中乐队》
周四到周六	筑巢月到成群月	《毛脚燕的窝》《夏末的铃兰》
周日到周二	候鸟辞乡月到冬季客至月	《晶莹清澈的黎明》《哪种植物及时做了什么》
周三到周五	小道初白月到熬待春归月	《国外来讯》《学校里的森林角》
周六、周日	回顾这两周的阅读内容，进行梳理，并对自己感兴趣的部分进行精读和品析	

《森林报》采用报刊的形式，设计了不同的版块，分类记录森林里发生的故事。在阅读过程中，我们要注意以下几点：

1. 本书的四季划分采用天文划分法。根据昼夜长短和太阳高度的变化，以春分、夏至、秋分、冬至作为四季的开始。

2. 学会做读书笔记，记录森林中不同动植物的生活习性以及它们的特征。

3. 作者在描写动植物的时候，运用了比喻、拟人等修辞手法，语言生动活泼。遇到精彩的片段可以摘抄下来，并将这些修辞手法运用到以后的写作中。

祝小朋友们阅读愉快！

MU LU

目录

阅读小贴士

春天踏着轻快的舞步来到啦！白嘴鸦回到了故乡；头一批花也露面了；熊、蝰蛇、蚂蚁等各种大大小小的动物从冬眠中醒来晒太阳……这时，森林里却发起了大水。泛滥的春水会造成怎样严重的灾情？动物们又该怎么办呢？快来瞧瞧它们的命运如何吧！

扫一扫，
获取原声朗读

3月21日至4月20日太阳进入白羊宫①

No.1

(春季第一月)

МЕСЯЦ ПРОБУЖДЕНИЯ ОТ СПЯЧКИ

苏醒月

一年——分十二个月谱写的太阳诗章

新年好!

3月21日是春分②。这天的白天和黑夜一样长。这天，是森林里的“元旦”佳节——喜迎春天的到来。

在我们这里民间有这样的说法：“三月暖洋洋，冰柱命不长。”太阳击退了寒冬，积雪变得松软了，表面出现了蜂窝状的孔洞。白雪变得灰不溜丢的——再也不像冬季那样了，它坚持不下去了！一看颜色，就知道它快要完蛋了。屋檐上挂下来的一根根小冰柱，化成亮晶晶的水，滴滴答答往下淌……慢慢地聚成了一个个水洼——户外的麻雀在水洼里欢天喜地地扑腾着翅膀，要把羽毛上一冬积下的尘垢洗掉。花园里传来了山雀银铃般的叫声。

春天展开阳光的翅膀飞到了我们这里。春天可有严格的工作程序。

① 古代把黄道带分为十二等份，叫作黄道十二宫。它们的名称，从春分点起，依次为白羊、金牛、双子、巨蟹、狮子、室女、天秤、天蝎、人马、摩羯、宝瓶、双鱼。太阳进入每一宫运行的时间基本固定，会有一至两天的浮动。

② 春分　二十四节气之一，在3月20日或21日。这一天，南北半球昼夜都一样长。

头一件事就是解放大地，让一处处白雪融化，让土地露了出来。这时候溪流还在冰层下做着好梦，树木也在雪底下沉睡未醒。

按照俄罗斯古老的风俗，3月21日这天早晨，大家都用白面烤“云雀”。这是一种小面包，前面捏个小鸟嘴，用两粒葡萄干当鸟眼睛。这天，我们还要将笼中鸟放生。按照我们的新习俗，从这天开始的一个月是爱鸟月。这一天，孩子们个个都为这些长翅膀的朋友操劳：在树上挂上成千上万座鸟屋——椋鸟[①]房、山雀房、树洞式鸟窠[②]；把树枝捆绑起来，方便鸟做窠；为那些可爱的小客人开办免费食堂；在学校和俱乐部举办报告会，说说鸟类大军怎样保护我们的森林、田地、果园和菜园，谈谈应该怎样爱护和欢迎我们活泼愉快、长翅膀的歌唱家们。

3月里，母鸡可以在家门口尽情畅饮了。

林间纪事

首份林区来电

白嘴鸦揭开了春之幕

白嘴鸦揭开了春之幕。一群群白嘴鸦聚集在雪融后露出土地的地方。

白嘴鸦在我国南方越冬。它们现在正匆匆忙忙回到北方，回到它们的故乡。在途中，它们屡屡遭遇猛烈的暴风雪。几十、几百只白嘴

① 椋（liáng）鸟　种类很多，性喜群飞，吃种子和昆虫，有的善于模仿别的鸟叫。

② 窠（kē）　鸟兽昆虫的窝。

鸦因体力不支而死去。

最先飞到目的地的是最强壮的。现在它们在休息。它们在所经过的道路上大摇大摆地踱着方步，用结实的喙刨土觅食。

乌云，原本黑压压、沉甸甸的，遮天蔽日，现在都已消散尽了。蔚蓝的天空上飘荡着大雪堆般的浮云。第一批兽崽降生了。驼鹿和狍子[①]长出了新角。黄雀、山雀和戴菊鸟在森林里唱起了歌。我们在等待椋鸟和云雀来临。我们在树根被拱起的云杉下找到了熊洞。我们轮流守候在熊洞旁，准备一见熊出来，就进行报道。一股股雪水悄无声息地在冰下汇集。树上的积雪融化了，森林里响起滴滴答答的水滴声。夜里，寒气又重新把水冻成冰。

本报特派记者

最先绽放的花

头一批花露面了。不过，别在地面上找，这不，地面还盖着雪呢。只在森林边缘一带有水淙淙地流着，沟渠里的水漫过了边沿。瞧，就在这儿，在这褐色的春水上面，光秃秃的榛树枝头，开出了头一批花。

一根根富有弹性而柔软的灰色“小尾巴”，从树枝上垂下来——人们将它们列为葇荑花序[②]，其实它们并不完全像葇荑花序的花。你把这种小尾巴摇一下，上面就会有许多花粉纷纷扬扬飘落下来。

怪的是，就在这几根榛树枝上，还开着别的花。这种花，有的成双成对，有的三朵生在一起。这种花很容易被人当作花蕾。只是在每朵

① 狍（páo）子　鹿的一种，耳朵和眼睛都大，颈长，尾很短，后肢略比前肢长，冬季毛棕褐色，夏季毛栗红色，臀部灰白色，雄的有角。

② 葇荑花序　无限花序的一种。花侧生于柔软的花轴上，开花后或果实成熟后整个花序脱落，如杨、柳、枫杨的花序。

"花蕾"的尖上，伸出一对既像细线，又像小舌头的鲜艳的粉红色小东西。原来这是雌花的柱头[1]，它们能接纳从别的榛树枝上随风飘来的花粉。

风无拘无束地在光秃秃的树枝间游荡，没有树叶，也没有别的东西阻挡风去摇晃那些葇荑花序式的小尾巴，或阻挡雌花接受随风吹来的花粉。

到了一定的时候，榛树的花会凋谢，花序会脱落，那些奇异小花上的粉红色细线——柱头会干枯，而每朵小花最后会变成一颗榛了。

H. M. 帕甫洛娃

雪崩

森林里开始发生惊心动魄的雪崩。

松鼠的窝就搭在一株高大云杉的枝杈上，这时候它正在自己暖和的窝里睡大觉。

猛然间，一团沉甸甸的雪从树梢上落了下来，径直砸中它的窝顶。松鼠蹿了出来，可它刚生下不久的孩子还待在窝里，孤苦无助呢。

松鼠立马扒开落在窝顶的雪。幸好雪团只是压住了粗树枝搭起来的窝顶，而铺着柔软暖和的苔藓的圆窝安然无损。里面的小松鼠还睡着没醒哩。这些小家伙太小了，浑身光溜溜的没长毛，还没有视力，也没有听力，活像刚出生的小家鼠。

雪开始不断地融化。森林里地下居民的日子可难熬了。这时候，鼹鼠、鼩鼱[2]、野鼠、田鼠、狐狸等住在地下洞穴里的大大小小的动物饱受潮湿之苦。一旦全部的冰雪都化成了水，它们该如何是好？

---

① 柱头　雌蕊的顶部，是接受花粉的地方。

② 鼩（qú）鼱（jīng）　哺乳动物，身体小，外形像老鼠，但吻部细而尖，头部和背部棕褐色，腹部棕灰色或灰白色。

第二份林区来电

棕鸟和云雀飞来了，唱起了歌儿。

左等右等，熊还是没有从洞穴里出来，真叫人难受。我们不禁纳闷儿：熊是不是冻死在洞里了？

不经意间，积雪松动起来。

可是雪底下钻出来的压根儿不是熊，而是一种我们从未见过的动物，个头儿跟大猪崽儿不相上下，浑身是毛，肚皮乌黑，白白的脑袋上长着两道黑条纹。

原来那不是熊穴，而是獾[1]洞，钻出来的是獾。

现在它不再贪睡了，从此夜里要到林子里找蜗牛和小虫吃，它还啃草根、逮野鼠充饥。

我们在林子里四处寻找，终于找到一个熊穴，一个货真价实的熊穴。

熊还在冬眠。

冰面上已有水漫上来了。

雪堆开始坍塌了，松鸡在求偶，啄木鸟咚咚地擂鼓似的在啄树干。

破冰鸟白鹡鸰[2]飞来了。

有的道路已走不了雪橇，庄员便改用了大车。

本报特派记者

① 獾（huān） 哺乳动物，头长，鼻垫与上唇间有毛，耳短，前肢爪长，呈黑棕色，适于掘土。主要在夜间活动，杂食性，有冬眠习性。

② 鹡（jí）鸰（líng） 鸟，背部羽毛颜色纯一，中央尾羽比两侧的长，停息时尾上下摆动，生活在水边，吃昆虫等。

都市新闻

房顶音乐会

每天晚上，房顶上都举办猫儿音乐会。猫儿特别喜欢开音乐会。不过，这种音乐会总是以歌手们不顾死活地大打一场而收场。

争房风波

椋鸟房前吵吵嚷嚷，拳打脚踢，乱成一片。绒毛、羽毛、秸秆满天飞扬。

原来是房主人椋鸟回到家，发现巢穴被麻雀们给占了，它揪住对方，一个个往外撵，随后把麻雀的羽毛垫子扔了出去，给它们扫地出门，毫不手软。

这时有个泥灰工正好站在脚手架上，用泥灰修补屋檐下的裂缝。麻雀在屋顶上蹦来蹦去，一只眼睛瞅着屋檐下，瞅着瞅着，大叫一声，猛地向那泥灰工的脸扑了过去。泥灰工见状举起抹灰的铲子来回抵挡。他哪里想到，自己闯了祸，居然把裂缝里的麻雀窝给封住了，可窝里有麻雀下的蛋哩！

叽叽喳喳，你争我斗，绒毛、羽毛随风飘扬。

驻林地记者　H. 斯拉德可夫

林区观察站

八十年前，著名的自然科学家凯德·尼·卡依戈罗多夫教授最早开始在列斯诺耶进行物候学[1]观察工作。

现在，全苏地理协会附设一个以卡依戈罗多夫命名的专门委员会，领导物候学观察工作。

各州和加盟共和国的物候学爱好者把各自的观察情况寄给该委员会。多年来，已积累了大量的资料，如鸟类的迁徙、植物的开花期、昆虫的出没……凭着这些材料就可编成“自然通历”。这样的历书有助于预测天气，安排种种农事的日程。

现在，列斯诺耶已建立起国家物候中心站。有五十年以上历史的同类观察站，全球只有三座。

圣彼得堡州少年自然界研究者代表大会决议

亲爱的伙伴们：

我们的田野里庄稼茁壮生长，花园里百花盛开，社会主义经济日益巩固和发展。

我们少年自然界研究工作者及农业试验人员要与成年人一起努力。

我们这些参加州代表大会的少年自然界研究工作者和农业试验人员在互相交流经验的同时，也向全州所有的少先队员和学生发出号召：加速发展自然科学研究工作。

在学校实验园地里开辟出专门的园地，辟出花坛，培育果实累累的浆果。

① 物候学　研究有关自然界季节现象的科学。——作者原注

请你们每个人种植不少于两株果树，或两株浆果灌木。组织更广泛的农作物品种选育、新的珍贵植物的培育、先进农业技术的检验和应用等方面的实验。

暑假期间，大家都要为学校准备一些植物、动物及微生物方面的直观教具。

我们都要到农庄的田地、菜园、牲口棚参加劳动，去养蜂场帮助照料蜜蜂。

农业与人们的日常生活息息相关。你参加过哪些相关的劳动呢？

为了使我们有益的工作卓有成效地进行，我们要经常向自己的老师、农艺师、畜牧师、蔬菜种植家和养蜂人求教，多向他们咨询，我们要了解农业先进分子的成就，学习米丘林工作者争丰收的新方法。

最先现身的蝴蝶

蝴蝶出来呼吸新鲜空气，在太阳底下晒翅膀了。

最先现身的蝴蝶，是那些待在阁楼里越冬的暗褐色、带红斑点的荨麻蛱蝶和浅黄色的黄粉蝶。

公园里

公园和花园里，响起了浅紫色胸脯、浅蓝色脑袋的雄苍头燕雀嘹亮的歌声。它们成群结队地聚在一起，等候雌燕雀到来。雌燕雀往往迟来一步。

新森林

全苏造林会议召开了。林务区主任、造林学家和农学家济济一堂。参加会议的也有圣彼得堡市民。

一百多年以来，我国实施了草原造林研究工程并付诸实际行动，选定了300种乔木和灌木，作为草原上造林的树种。这些树种的适应能力很强，能在不同的草原条件下稳定生长。比如说，在顿河草原上，最适合的树种是橡树，但要与锦鸡儿、忍冬及其他灌木交替种在一起。

我们的工厂造出了一种新机器，有了这种机器，短时间内就可栽种一大片树苗。

迄今为止，造林面积已达数十万公顷。用不了几年，就会在全国各地营造数百万公顷的新林。

塔斯社圣彼得堡讯

空中传来号角声

空中传来声声号角，圣彼得堡居民感到很惊奇。大清早，城市还在沉睡，街道上还是静悄悄的，所以号角声听起来格外清晰。

眼力好的人，放眼看去，就能见到云彩下飞过大群大群伸出长脖子的白色大鸟。这便是一大群好叫唤的白天鹅。

年年春天，天鹅从我们的城市上空飞过，发出“呜啦，呜啦”嘹亮的号角声。只是城市里人声嘈杂，人来车往，我们很难听到这些号角声。

这个时候它们急着赶路，飞往科拉半岛阿尔汉格尔斯克一带，飞往北德维纳河两岸去筑巢。

节日通行证

我们在等候长羽毛的朋友光临。大队委员会嘱咐每位少先队员做好一个椋鸟房。

大家齐心协力保护鸟儿，为它们建造房子。这是一群多么善良的孩子啊！

我们大家都为这事儿忙碌起来。学校有个木工场，还不会做椋鸟房的人可以在那里学会。

我们在学校的花园里，为小鸟造了许许多多的房子，让小鸟在我们这儿好好待下去，保护好苹果树、梨树和樱桃树，免得被一些有害的毛毛虫和甲虫糟蹋了。到了爱鸟节这一天，每个少先队员都把自己做的椋鸟房带到会场上来。我们已说好了：椋鸟房就是我们庆祝会的通行证。

驻林地记者　沃洛佳·诺维

任尼亚·科良吉根

第三份林区来电（急电）

我们轮流待在熊洞边的树上守候着。

突然间，地上的积雪被什么东西拱了起来，露出一只野兽的大

脑袋。

钻出来的是只母熊。随后出来的是两只熊崽儿。

我们看见母熊张开大口，畅畅快快地打了个哈欠后，便往林子里去了。熊崽儿撒着欢儿，跟在后面。我们只来得及注意到，母熊瘦得厉害，皮包骨似的。

现在母熊在林子里东游西荡，经过长时间的冬眠之后，它肯定饿坏了，见到什么就吃什么：不管是树根、去年的枯草，还是浆果，就是碰上小兔儿也不会放过。

开始发大水了

冬天已威风扫地了。云雀和椋鸟唱起了欢歌。

水流冲破了冰的屏障，放开手脚，随心所欲地在辽阔的田野上流淌。

田野发生“火灾”——是太阳把白雪照得一片火红。绿草喜气洋洋地从积雪下探出头来。

春水泛滥的地方成了早来的野鸭和大雁栖息的乐园。

我们见到争先出来的蜥蜴。它们从树皮里钻出来，爬上树墩晒太阳。

每天都有数不胜数的新闻，忙得我们来不及全部记录下来。

春水泛滥，森林与城里的交通被阻断了。

有关春水造成的灾情我们将通过飞鸽把稿件寄去，供下期《森林报》刊出。

本报特派记者

集体农庄新闻

H. M. 帕甫洛娃

拦截出逃者

雪融化成了水，竟企图擅自从田野里逃到洼地里去。

庄员们不失时机地拦截住了“逃亡者”，办法是在斜坡上用厚实的积雪筑起了横堤。

雪水被拦截在田野里，无声无息地渗进了泥土里。

田野里的绿色居民已经感觉到自己的根得到水的滋润，不禁欢天喜地起来。

想一想，这一段中用了怎样的写作手法？有什么作用？

乔迁之喜

土豆从冷冰冰的仓库搬进了暖和的新家。

它对新环境心满意足，准备好好长出新芽来。

救助挨饿者

积雪融化尽了，露出来的田野里长着的尽是又弱又瘦的小苗苗。土地还没有解冻，根茎没法从土中吸取任何养分。可怜的小苗苗只落得挨饿的份儿了。

可小苗苗都是庄员的宝贝疙瘩，不是吗？别以为它们是瘦骨伶仃、有气无力的小草，它们可是秋播的小麦。农庄里早已为它们准备下最有营养的伙食：草木灰呀、鸟粪呀、厩肥呀，还有食盐哩。

伙食还是从空中食堂分送给这些受饥挨饿者的，飞机撒下食粮，管保每株小苗苗都吃得心满意足。

狩猎纪事

按规定，只有在短期内才允许打猎。如果开春早，狩猎可以提早。如果开春迟，狩猎期也随之延后。

春天里，只允许打林中和水面上的鸟，而且只能打雄的，比如雄野鸡和雄野鸭，还不准带猎狗。

伏猎丘鹬[1]

猎人白天出城，傍晚就可到林子里。这是个灰蒙蒙的无风天，下着毛毛细雨，却非常暖和。这样的天气正是鹬鸟空中求偶的好时光。

猎人看中了林边的一块地方，站在一棵小云杉前。四周的树木都不是很高，只有一些低矮的赤杨、白桦和云杉。离太阳下山还有一刻钟，这时候猎人可以抽空抽抽烟，再过一会儿就不能抽了。

---

① 丘鹬（yù） 鸟，喙长而直。体羽以淡黄褐色为主，上具黑色带状横纹。常栖息阴湿森林、草原或其他低湿地区。多在夜间单独活动。

猎人站着，只听得林子里各种各样的鸟在歌唱，鸫[1]鸟立在云杉尖尖的树梢上引吭高歌，而红胸脯的鸲[2]鸟躲在树丛中哼着小曲儿。

太阳下山了。鸟陆陆续续收起了歌喉，最后连歌唱家鸫鸟和鸲鸟也停止了歌唱。

留神，仔细听！突然，静静的林子上空传来“哧尔克，哧尔克——霍尔，霍尔！”的声响。

猎人猛地一惊，端起了枪，屏气凝神，细听起来：哪儿传来的声音？

“哧尔克，哧尔克——霍尔，霍尔！”

“哧尔克，哧尔克！”

居然有两只呢！

两只长嘴丘鹬快速地扑扇着翅膀，从林子上空飞过。

一只跟着另一只，不像是在打斗。

看来前面的那只是雌鸟，跟在后面的是雄鸟。

砰！……后面的雄鸟像风车似的，打着旋儿，慢慢地掉进了灌木丛中。

猎人飞快地奔了过去，要是慢了一步，受伤的鸟就会逃走，或钻进灌木丛中，那他就一无所获了。

丘鹬浑身的羽毛颜色暗黄，看起来像平躺着的枯叶。

看见了，鸟就挂在灌木丛上！

那边，不知什么地方，还有一只丘鹬又“哧尔克，哧尔克！”“霍

---

① 鸫（dōng） 鸟，嘴细长而侧偏，翅膀长而平，善走，叫的声音好听。种类很多，常见的有乌鸫、斑鸫等。

② 鸲（qú） 鸟，身体小，尾巴长，羽毛美丽，嘴短而尖。种类较多。

尔，霍尔！”地叫唤起来。

离得太远了，不在猎枪射程之内。

猎人又躲到小云杉后面，聚精会神，侧耳细听起来。林子里静悄悄的。

又响起了叫声：“哧尔克，哧尔克！”“霍尔，霍尔！”

那边，就在那边——离得很远……

引它过来？它会过来吗？也许会的。

猎人脱下毛皮帽，往空中一抛。

雄丘鹬的视力很好，虽然已是黄昏了，它还是在寻找雌丘鹬的下落，终于看见一个黑乎乎的东西从地面上飞起来，又落了下去。

是雌丘鹬吗？

雄丘鹬拐了个弯儿，直向猎人扑了过来。

砰！——这只也一头栽了下来！像块木头，跌落到地面。打中了！

天渐渐地黑下来了。“哧尔克，哧尔克！”“霍尔，霍尔！”的叫声此起彼伏，东拐西拐的。

猎人兴奋得双手哆嗦起来了。

砰！砰！没有打中！

砰！砰！还是没有中！

不如先不要动枪，放过一两只，得定定神。

这不，现在好了，手不哆嗦了。

可以动枪了。

黑洞洞的森林深处，传来雕鸮[1]低沉而惊心动魄的叫声。一只鸫鸟，睡意蒙眬中被吓得尖叫起来。

---

① 雕鸮（xiāo） 鸟，体长可达0.7米。喙黑色，耳羽显著。夜间活动，主食鼠、兔等啮齿类和兔形类动物。

天太黑了，很快就不能开枪了。

听，“哧尔克，哧尔克！”的声音终于又响了。

另一边也响起了叫声：“哧尔克，哧尔克！”

就在猎人的头顶，两只雄鸟冤家狭路相逢，一碰面就争斗起来了。

砰！砰！两声枪响，两只丘鹬应声落地。一只一头栽了下来，另一只翻着跟头，转呀转，直落到了猎人的脚旁。

该离开了。

趁着还能看得清小路，赶到附近鸟求偶的地方去。

松鸡情场

夜里，猎人在林子里坐下来，吃了点儿东西，就着军用水壶喝了几口水。这时候可不能生火，那会吓走猎物的。

等不了多久，天就要放亮了，松鸡很早就开始求偶——通常在天亮之前。

黑夜的寂静中，一只雕鸮低沉地叫了两声。

该死的畜生，这么一叫会把求偶的松鸡吓跑的！

东方露出微微的鱼肚色。隐隐约约只听到什么地方一只松鸡鸣唱起来，接着又响起“咯咯嗒嗒，噼噼啪啪”的声音。

猎人一骨碌跳了起来，侧耳细听。

这不，又一只叫了起来。在不远处，150步开外的地方，又是一只……

猎人小心翼翼地摸了过去，手端着枪，

扣着扳机，眼睛死死地盯着黑乎乎的粗大云杉。

再一听，“咯咯”声停了，听到的是松鸡的“嗒嗒”声。它的好戏开场了——唱起了带颤音的歌儿。

猎人纵身蹿了过去，没走几步，又一动不动地停了下来。

“嗒嗒”声戛然而止，四周悄无声息。

这时候松鸡已有所觉察，警惕起来。机灵的鸟，只要有点儿风吹草动，就会飞离原地，拍打着翅膀逃之夭夭。

什么声响也没有听到，它又“嗒嗒，嗒嗒！”地鸣叫起来，听起来像是两个木片儿相碰发出的清脆声音。

猎人站着不动。

松鸡又叫了起来。

猎人跳向前去。

松鸡“嗒嗒”了一阵后，不叫了。猎人刚抬腿，就不敢迈步了。松鸡还是不发声，它在细听动静哩。

过了一会儿，又响起“嗒嗒”声。

反反复复响了好几次。

目标离得很近了，松鸡就近在眼前，待在这几棵云杉上，离地面不远，就在树的半腰上！

这家伙忘情地唱呀唱呀，已唱昏了头，哪怕朝它嚷嚷，它也充耳不闻了！

可它到底在哪儿呢？在这一大片黑乎乎的树丛里，到哪里找得到它呢？

瞧你说的，不是在那里吗？不就是在一根毛蓬蓬的树枝上吗？近在眼前，不到30步的距离——瞧它那黑黑的长脖子，长着山羊胡子的小脑袋瓜……

它不叫了，这时候猎人还不能轻举妄动。

“嗒嗒！嗒嗒！”声又响了——还有“啪啪”声哩。

猎人端起了枪。

枪口对准这个脑袋上长着山羊胡子的黑影，它的尾巴像把大扇子展开着。

目标得选准。

打到紧束在一起的翅膀上不行，霰弹会滑掉，伤害不了这只强壮的鸟。最好是瞄准脖子。

砰！……

烟雾迷住了眼睛，猎人什么也看不见，只听到松鸡沉重的身躯掉了下来，咔嚓咔嚓折断一根根树枝。

嘭的一声掉落在雪地上。

好一只雄松鸡！大块头，浑身乌黑，分量少说也有5千克。它的眉毛通红通红，像是血染了似的……

天南地北

无线电通报

请注意！请注意！

圣彼得堡广播电台——《森林报》编辑部。

今天，3月21日，是春分，我们决定举行全国各地无线电通报。

我们呼叫东、南、西、北各方注意！

我们呼叫冻土带、原始森林、草原、高山、海洋和沙漠注意。

请报告你们那里的情况！

请收听！请收听！

北极广播电台

今天，我们这里过节——经过无比漫长的冬季后，终于迎来了太阳！

第一天，太阳从海面露了个脸儿——只露出个头顶。没几分钟，太阳便躲起来了。

过了两天，太阳露出半个脸儿。

又过了两天，太阳再次露脸儿，终于见到全貌——升离海面了。

现在我们这里的白天还很短：从早到晚只有一个小时。这也没有关系，因为我们总算见到了光明，而且白天会越来越长，明天比今天长，后天又比明天长。

我们这里的水域和陆地覆盖着厚厚的冰雪。白熊还在冰穴——熊洞里酣睡。哪里都见不到一丝绿意，鸟也绝迹了，只有严寒和暴风雪。

中亚广播电台

我们已完成马铃薯的种植，开始播种棉花了。我们这里的阳光毒辣辣的，街上尘土飞扬。桃树、梨树和苹果树上的花开得正旺，而扁桃、杏树、白头翁和风信子的花已凋谢了。防护林带的植树活动已经开始了。

在这里越冬的乌鸦、寒鸦、白嘴鸦和云雀又北归了。家燕、白肚皮的雨燕等鸟类飞来，在这里消夏。红色的大野鸭纷纷在树洞和土穴里孵出小鸭。这些小家伙已经从窝里出来，在水里嬉戏了。

远东广播电台

我们这里的狗已不再冬眠了。

是的，是的，你们没有听错，我们说的正是狗，而不是熊、旱獭和獾。你们以为狗从来都不冬眠吧？而我们这里的狗就是要冬眠的。

我们这里就有一种特别的狗——貉[1]子。它们的体形比狐狸小，腿短，毛色棕黄，又密又长，披散开去，连耳朵都被盖住了。冬天里，它们就像獾一样，躲进洞里睡大觉去了。现在它们已经醒过来，开始捕捉老鼠和鱼了。

也有人称貉子为浣熊狗，因为它们长得很像小型的美洲熊——浣熊。

南部沿海的人们开始捕一种身子扁扁的鱼——比目鱼。在乌苏里边区茂密的原始森林里，虎崽儿已出生，小眼睛能睁开了。

我们天天都盼着一种“路过的”鱼快快从海洋来到我们这里的河流，它们是来这里产卵的。

---

① 貉　háo。

西乌克兰广播电台

我们正在播种小麦。

白鹳已从非洲南部飞回来了。我们欢迎它们在我们家的屋顶上安家，于是搬来很沉的旧车轮子，放在上面供它们做窝。

现在白鹳纷纷衔来粗细不一的树枝，放到车轮里做窝。

我们的养蜂人正担心金黄色的蜂虎鸟光临，因为这种体态优雅、毛色华丽的小鸟最喜欢吃蜂蜜。

请收听！请收听！

冻土带、亚马尔半岛广播电台

我们这里还是不折不扣的冬天，丝毫嗅不到春天的气息。

一群来自北方的鹿正在用蹄子扒开积雪，踩碎冰层，寻找苔藓充饥。

到时候还有乌鸦飞到我们这儿来！到了4月7日，我们就要欢庆“沃恩加—亚利节”，也就是乌鸦节了。我们这里的春天是从乌鸦飞来的那天开始算起的，就好像你们圣彼得堡的春天是从白嘴鸦到来那天开始算起一样。可我们这儿压根儿就没有白嘴鸦。

新西伯利亚原始森林广播电台

我们这儿的情况跟你们圣彼得堡郊区差不多：你们不是也地处原始森林带吗？我们全国广大地区无不覆盖着这种针叶林和混合林带。

我们这儿夏天才有白嘴鸦，而春天是从寒鸦飞来的那天算起的。寒鸦不在我们这儿越冬，但它们是春天最早飞回我们这儿的鸟类。

我们这儿的春天来也匆匆，去也匆匆。

外贝加尔草原广播电台

一大群粗脖子的羚羊——黄羊已纷纷南下，离开这里向蒙古迁徙。

最初的融雪对它们来说，是场不折不扣的大灾难。因为白天融化了的雪到了严寒的夜晚又结成了冰。一马平川的草原简直成了大溜冰场。黄羊平滑的骨质蹄子踩在冰面上，就像踩在镜面上，四蹄撑不住就会打滑摔倒。

不过，这种羚羊跑起来快步如飞，这才保住了自己一命。

这时候，在冰冻无雪的春季里，有多少黄羊命丧恶狼和其他猛兽之口！

高加索山区广播电台

我们这里的春天自下而上向冬天发起了攻击。

高山顶上还是大雪纷飞，而山下的谷地则下着春雨。溪流奔腾，第一次春汛来了。河水暴涨，漫过河岸，汹涌着向海洋奔腾而去，一路上摧枯拉朽，所向披靡。

山下谷地里百花盛开，枝叶繁茂。在阳光充沛而暖和的南部山坡上，新绿日益自下而上向山上发展。

随着绿意渐浓，高处飞过一群群鸟，山下啮齿类和食草类动物的活动地盘跟着向上扩展。野狼、狐狸、野欧林猫，以及威胁到人类安全的雪豹相继出来捕捉狍、兔、鹿、绵羊和山羊。

寒冬退到了山顶，春天跟踪而至。一切生物也伴随春天纷纷向山上发展。

请收听！请收听！
这里是海洋，这里是北冰洋广播电台

海洋上的冰块和整片整片的冰原向我们漂移过来。冰上躺着海豹——两肋乌黑的浅灰色海兽。这就是格陵兰母海豹。它们就在这里，在这寒冷的冰面上产崽，产下毛茸茸、白如雪的黑鼻子黑眼睛的小海豹。

小海豹出生很久以后才能下水，此前很长一段时间只能躺在冰面上，因为它们还不会游泳。

黑脸、黑腰的格陵兰老海豹已爬上冰面，蜕下一身短而硬的浅黄色粗毛。它们也得躺在冰上漂流一段时间，把毛换完。

这个时候，一些乘着飞机的侦察员正在整个海洋的上空到处侦察，摸清冰原上哪里有拖儿带女的母海豹，哪里有躺着换毛的公海豹。

侦察回来之后，他们要向轮船的船长报告，哪里有大群大群密集的海兽——多得连身下的冰雪也看不见了。

载着猎人的特种船只穿行在冰原间，东绕西拐，好不容易到了这里——他们是来猎海豹的。

黑海广播电台

我们这里没有本地的海豹，看见海豹的机会千载难逢。这里的海豹从水里露出的只是黑黑的长背脊——足有3米长——但很快就不见了。它们是从地中海经过博斯普鲁斯海峡偶然游到我们这儿来的海豹。

不过，我们这里有许多别的动物——活泼可爱的海豚。现在这个时候，巴统市附近正是猎获海豚的旺季。

猎人们坐着小汽艇出海。只要看见哪里有四面八方飞来的海鸥聚在一起，哪里就一定有大群的海豚。因为那里聚着一群群小鱼，海豚

和海鸥正是被它们吸引过去的。

海豚很贪玩儿，就像马爱在草地上打滚儿，它们也喜欢在海面上翻腾，要不就是一个挨一个跃出水面，翻几个跟斗。这时候可不能靠近，也不能射击，反正是打不中的，要到它们聚在一起、大口大口吞食的地方去。这时候小艇停在离它们10～15米的地方，它们也不在乎。要做到眼明手快，立刻把击中的猎物拖到艇上来，不然死海豚很快就会沉下去找不到了。

里海广播电台

我们的北方会结冰，所以这里也有很多很多海豹。

不过，这里的白海豹崽儿已经长大，都换过毛了——先变成深灰色，后来换成了蓝灰色。海豹妈妈越来越少从圆形冰穴里钻出来，因为它们忙着利用最后的机会给子女喂足奶水。

海豹妈妈开始换毛了。它们得游到别的冰块上，那里躺着大群大群的公海豹，母海豹要与公海豹一起换毛。身下的冰在融化，破裂。海豹只好到岸上去，最终在沙洲和沙滩上换好毛。

这里的洄游鱼：里海鲱鱼、鲟鱼、欧鳇，以及其他各种鱼，从海洋的四面八方聚在一起，成群结队，密密麻麻，涌向伏尔加河和乌拉尔河河口，等待这两条河的上游解冻。

到那时，它们就忙乎起来了：它们成群结队，挤挤挨挨，溯流而上，到自己还是鱼卵时孵出来的地方去产卵——在这两条河遥远的北方，在大大小小的支流小溪里。

在整条伏尔加河、卡马河、奥卡河和乌拉尔河及其支流里，在上下游，渔民处处布下网具，捕捉这些不惜一切代价急着回家的鱼儿。

波罗的海广播电台

我们这里的渔民也准备就绪，去捕捉黍鲱鱼、鲱鱼和鳕鱼。等芬兰湾和里加湾的冰融化后，他们就要去捕欧白鲑鱼、胡瓜鱼和鲑鳟鱼了。

我们这里的港口在相继解冻，轮船纷纷离港远行了。

世界各地的船只也来这里停靠。冬天就要过去，波罗的海正迎来大好时光。

请收听！请收听！
中亚沙漠广播电台

我们这里也有快快乐乐的春天。春雨绵绵，还不到非常热的时候。处处碧草如茵，连沙地上也冒出青草来，真不知道如此茂盛的草是怎么来的。

灌木已是绿叶满枝。美美睡了一冬的动物也从地下出来了。屎壳郎和象甲虫飞来了，灌木丛上满是亮晶晶的吉丁虫。蜥蜴、蛇、乌龟、黄鼠、沙鼠和跳鼠也从深深的洞穴里爬了出来。

大黑秃鹫成群成群地从山上飞下来，捕捉乌龟。

秃鹫善于利用自己又弯又长的利嘴，把龟壳里的肉啄出来。

来了一班春天的客人，它们是小巧玲珑的沙漠莺，善舞的石鹟[1]和各种各样的云雀：鞑靼大雀、小巧的亚洲云雀、黑云雀、白翅雀、凤头雀。空中充溢着它们的歌声。

明媚而温馨的春天里，连沙漠里也是生趣盎然的，那里活跃着多少生命！

我们的第一次全国无线电广播就此结束

下次在6月21日再见

公　　告

征房启事

独立小屋，牢固的木板打造，木板厚度不小于2厘米，房高32厘

① 鹟（wēng）　鸟，身体小，嘴稍扁平，基部有许多刚毛，脚短小。捕食飞虫，是益鸟。种类很多。

米，面积为15×15平方厘米。入口（巢门）高5厘米，距地面23厘米，房向朝南。

我们已经飞达。

棕鸟启

斜挂小屋，房内面积为12×12平方厘米，门宽4厘米。

我们不日即将到达。

白腹鹟及红尾鸲启

内有三个房间的房子。总面积为12×36平方厘米。门开在屋檐下4厘米处。

我们于5月到达。

雨燕启

木板房高11厘米，面积为11×11平方厘米，巢门4厘米，离地板7厘米。

我们已在这里了。

白鹡鸰启

我们5月到达。

斑鹟启

4月21日至5月20日太阳进入金牛宫

No.2

（春季第二月）

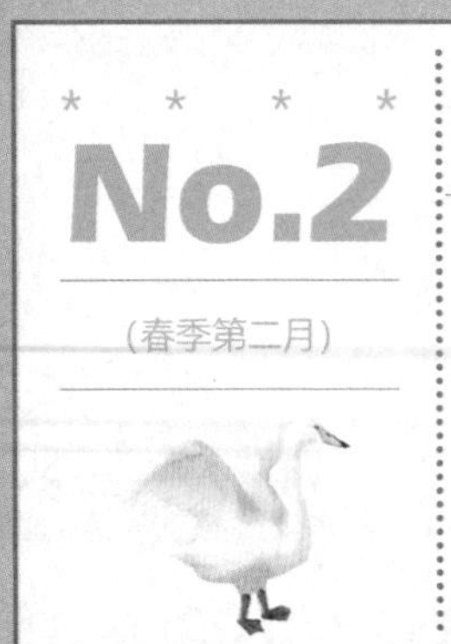

МЕСЯЦ ВОЗВРАЩЕНИЯ ПЕРЕЛЁТНЫХ НА РОДИНУ

候鸟回乡月

一年——分十二个月谱写的太阳诗章

4月——积雪消融了！4月还没有苏醒过来，就刮起了风，暖和的天气将如期到来。等着瞧吧，那将是什么景象！

这个月里，涓涓细流从山上淌下来，欢快的鱼儿跃出水面。春天把大地从雪下解放出来，又承担起另一个使命：让水摆脱冰层的桎梏[1]，争得自由之身。条条融雪汇成的溪流悄悄投奔大河，河水上涨，挣脱冰的羁绊。春水潺潺，在谷地里泛滥开来。

土地饮饱了春水，喝足了温暖的雨水，披上绿装，上面点缀着朵朵色彩斑斓、娇艳的雪花。但森林还没有绿意，静待着春天的赐予。而树木中的浆液已悄悄流动，枝干竞相吐露嫩芽，地上和凌空的枝条上花朵纷纷绽放。

候鸟万里大迁徙

鸟从越冬地如滚滚波涛一般，成群结队飞向故地，秩序井然，迁徙队伍先后有序。

---

① 桎（zhì）梏（gù） 脚镣和手铐，比喻束缚人或事物的东西。

今年候鸟飞回到我们这儿，飞行的路线和队列的排序一如从前，几千年、几万年、几十万年始终如一。

最先启程的是去年秋天最后离开我们的那些鸟，而最后出发的便是去年秋天最先离开的那批。晚来的是那些羽毛绚丽多彩的鸟。它们要等到叶绿的时候才姗姗飞来。因为在光秃秃的大地和树木上，它们特别显眼，所以这时候还难以躲避猛禽、猛兽的侵害。

有一条鸟从海上过来的路线恰好从我们的城市和圣彼得堡州上空经过。这条空中路线被称为“波罗的海航线”。

波罗的海长途航线的一端紧靠阴沉沉的北冰洋，另一端隐没在百花盛开、阳光灿烂、天气炎热的国度。一眼望不到边的海鸟和近岸鸟，各有各的阵列，各有各的次序，成员数不胜数，从空中浩浩荡荡飞过。它们沿非洲海岸，经地中海，过伊比利亚半岛沿岸，越比斯开湾，再过一个个海峡、北海和波罗的海飞到了这里。

跋涉途中，它们克服了千难万险，渡过了千灾百难。有时候，这些带翅膀的异乡客前有重重浓雾阻挡，它们会无助地陷入湿气浓厚的迷魂阵中，分不清天南地北，难免一头撞到意想不到的尖利的悬崖峭壁上，落得粉身碎骨的悲惨下场。

海上的风暴会折断它们的羽毛和翅膀，吹得它们远离海岸，孤苦无依。

出其不意的寒流使海水结冰，鸟也因饥寒交迫而丧生。

千千万万的飞鸟成了鹰、隼、鹞这些贪婪猛禽的口中之物。

这个季节，在万里海洋的大征途上，聚集了大量的猛禽，它们享受一顿顿丰美而唾手可得的大餐。

更有成千上万只候鸟死于猎人的枪口之下（本期《森林报》就刊登了一个在圣彼得堡近郊捕猎野鸭的故事）。

但什么也挡不住一大群密密麻麻的漂泊者前进的脚步，它们穿越重重迷雾，排除千难万阻，飞回故乡，飞回自己的巢穴。

鸟儿为了飞回故乡需要历经很多困难，但它们有着顽强的意志和不达目的不放弃的决心。这也是我们需要学习的。

我们这里并非所有的候鸟都在非洲越冬，然后按“波罗的海航线”飞行。飞到我们这儿的也有来自印度的候鸟。扁嘴瓣蹼鹬越冬的地方更远，远在美洲。它们急匆匆地飞过整个亚洲才到了我们这儿。从越冬地到自己在阿尔汉格尔斯克郊外的巢穴足有15 000千米的路程，前后要花去两个月的时间。

戴脚环的鸟

要是你打死了一只鸟，它的脚上戴着金属环，那就请你把脚环取下来，寄到鸟类脚环管理处，地址是：莫斯科K-9，赫尔岑大街6号。同时请你附信说明你打死这只鸟的时间和地点。

要是你捕获一只戴脚环的鸟，请记下脚环上的字母和编号，然后把鸟放归自然，并按上述地址把你的发现告诉我们。

要是打死或捕获鸟的不是你，而是你熟悉的猎人或别的捕鸟人，请你告诉他该怎么办。

鸟脚上的轻金属（铝）环是有人特意给鸟戴上去的。环上的字母表示的是，给鸟戴环的是哪个国家、哪个机构。脚环上的那些编号也记在研究人员的记事本里，那些数字就代表他给鸟戴环的时间和地点。

这样一来，研究人员就会了解到鸟类惊人的生活秘密。

我们这里，在遥远的北方某地，也给鸟戴脚环，这些鸟可能会碰巧落到南部非洲或印度人的手中。他们会从那里寄来鸟的脚环。

况且并非所有从我们这里飞出去越冬的鸟都是往南去的，有的飞向西方，有的飞向东方，也有飞向北方的。鸟的这一秘密都是通过我们给鸟戴环的办法而了解到的。

林间纪事

道路泥泞时节

城外一片泥泞，林子和村子里的道路再也走不了雪橇和马车了。我们千难万难才得到林中的消息。

雪下露出的浆果

林子的沼泽地里，从雪下露出酸果蔓。乡下的孩子常去采摘，据说越冬的浆果比新长的还要甜。

为昆虫而生的圣诞树

黄花柳的花开得正旺。它满树枝全是小巧且亮晶晶的黄色小球，连那灰绿色的、胖胖的多节疤枝条都看不到了，整株树出落得毛蓬蓬、轻飘飘的，一副喜气洋洋的样子。

柳树一开花，昆虫简直在过大节。盛装打扮的柳树从周围——就像是圣诞树四周一样——呈现出一片闹哄哄、喜洋洋的景象。熊蜂嗡嗡声不绝于耳，苍蝇没头没脑地四处乱闯乱撞，实干家蜜蜂在雄蕊上忙忙碌碌，采集花粉。

粉蝶在翩翩起舞。瞧，这边是有锯齿状翅膀的黄蝶，那边是有棕红色大眼睛的荨麻蛱蝶。

瞧，一只长吻蛱蝶落在毛茸茸的小黄球上，它那深色的翅膀把小黄球完全遮盖起来。它伸出长长的吻管，深深地插到雄蕊间，美滋滋地吮吸花蜜。

紧挨着这株一派节日气氛的灌木旁，还有一株灌木，也是黄柳，也在开着花。可这花完全是另一种模样：都是些丑陋的、乱蓬蓬的灰绿色小球，上面也停着昆虫，可这株灌木四周却不见像邻近那株那般生气勃勃的景象。

不过，偏是这株黄柳的种子正在成熟。原来昆虫已经把黏糊糊的花粉从黄色小球上带到了灰绿色小球上。种子将会在小球内，在每一个瓶子状的长长的雌蕊内部生长出来。

H. M. 帕甫洛娃

还有谁也苏醒了

蝙蝠、各种甲虫——扁平的步行虫、圆滚滚的黑色屎壳郎、叩头虫，它们也苏醒过来了。快来看叩头虫变戏法吧：只要把它仰天平放在地上，它就会把头向下一磕，吧嗒一声弹起来，凌空翻个跟斗，落下来足部就着地了。

蒲公英开花了，白桦树也裹上绿色的轻纱，眼看着就要吐出新叶来了。

第一场春雨后，泥土里钻出粉红色的蚯蚓，初生的蘑菇——羊肚菌和鹿花菌也冒头了。

白色寒鸦

在小雅里奇基村的学校旁边，栖息着一只白色寒鸦。它总是和一群普通的寒鸦结伴飞行。就是上了年纪的老人也没见过这样的白寒鸦。我们这些小学生也不知道为什么会有白色的寒鸦。

驻林地记者　小学生波里娅·西妮曾娜

盖拉·马斯洛夫

编辑部解释

常见的飞禽走兽有时会产下全白的雏鸟和兽崽。

科学家把这种动物称为白化病患者。

白化病可分为全白和局部白两种。这是因为它们体内缺少一种染色体——色素。正是这种色素使羽毛和兽皮变换出种种颜色来。

有多种家禽和家里寄生的动物体内可能就缺乏这种色素，比如白兔子、白鸡、白鼠。

患白化病的野生动物并不常见。

患白化病的动物存活要比正常动物困难一千倍。它们通常在还幼小的时候，就被自己的父母杀害了，就算侥幸存活下来，一生也往往受到整个族群的迫害和追杀。即使像小雅里奇基村的白寒鸦那样，为

自己亲属所接纳，成了族群中的一员，也很难长命，因为它在族群中很显眼，特别容易引起猛禽的注意。

鸟邮快信

本报驻林地记者

洪水

春天给森林居民带来许多灾祸。积雪迅速融化，河水暴涨，淹没了堤岸。一些地方洪水泛滥。各地纷纷给我们发来动物受灾的消息。灾难面前，兔子、鼹鼠、田鼠及其他生活在田野上和地下洞穴里的小动物最倒霉。水灌进了它们的窝，它们只好离乡背井，逃离家园。

动物们各显神通，进行自救。

当自然灾害来临，动物们有自己独特的保命方法。别看这些穴居动物个头儿小，它们依旧可以凭借自身的智慧渡过难关。

小个子鼩鼱跳离洞穴，爬上灌木丛，坐等洪水退去。它饥肠辘辘，一副可怜巴巴的模样。

洪水漫上河岸，待在地下的鼹鼠差点儿被憋死。它爬出地下洞穴，浮出水面，游了起来，好找个干燥的地方。

鼹鼠是游泳高手，爬上岸前，能游好几十米。游在水面上，它那乌黑发亮的皮毛居然没有被猛禽发现，这令它好不得意。

上了岸，它又顺顺当当地钻进了地下。

鸟的日子也艰难

洪水对飞禽来说，当然并不那么可怕，可它们也因为春汛吃够了苦头。

淡黄色的鹀[1]鸟的窝做在大水沟的岸边，已产下了蛋。大水一来，冲走了窝，带走了蛋。黄鹀只好另外选个地方做窝了。

沙锥停在树上，等呀等，就是等不到春汛结束的日子。沙锥属鹬类，生活在林中湿地里，靠自己长长的喙从松软的泥土里找东西吃。它的腿很适合在泥地上行走，在树枝上走起来，好比狗站在木桩围墙上那样难受。

不过它还是待在树上，盼着日后能行走在软软的湿地上，用喙啄出几个洞洞来。它可不能离开自己亲爱的湿地！所有的地方都有主了，别的湿地上的沙锥是不会让它落脚的。

意想不到的猎物

我们的一位驻林地记者是名猎人。一天，他悄悄地向待在湖中灌木丛后面的野鸭摸过去。他穿着高筒靴，蹑手蹑脚，小心翼翼。漫到岸上的湖水已深及他的膝盖。

突然，他听到前方灌木丛后面传来响声——是拍水声，接着看见一个灰色、背脊又长又光滑的怪物，正在浅水里挣扎。他没有多想，便对这个怪物连打了两发打野鸭的霰弹。

灌木丛后面的水哗哗地响了起来，还泛起了泡沫，接着又悄无声

① 鹀（wú） 鸟，外形像麻雀，闭嘴时，上嘴的边缘不与下嘴的边缘紧密连接。雄鸟羽毛的颜色较鲜艳。吃种子和昆虫。种类较多，如灰头鹀、黄眉鹀等。

息了。猎人走近一看，发现一条被他打死的梭子鱼，足有一米半长。

过度捕捞会破坏生态系统的平衡，损害生物资源。因此，我们应该严格遵守有关法规和自然规律，做到取之有度。

这个季节，梭子鱼都要离开河流和湖泊，到被春水淹没的岸上，在那里的草上产卵。这一带的浅水暖和，日后刚孵出来的小梭子鱼就能随退走的水进入湖泊和河流中。

猎人不知道这一情况，否则就不会违法捕杀梭鱼了。有关法规禁止人们春季捕杀到岸上来产卵的鱼类，即使是梭子鱼或其他凶猛的鱼类也不例外。

农庄纪事

雪刚化，庄员们驾着拖拉机到田里去了。耕地用拖拉机，耙地也用拖拉机，要是安上钢爪子，拖拉机还能铲除树墩，清理出新的耕地。

紧随拖拉机之后的是蓝黑色的白嘴鸦，它们有板有眼地，双脚一前一后，迈着方步，而身后不远处，灰色的乌鸦和白腰身的喜鹊蹦蹦跳跳。它们都在翻过来的地上找蚯蚓、甲虫和甲虫的幼虫当美味的小点心吃。

田地耕过、耙平后，拖拉机带着播种机在地里忙开了。播种机均匀地把精选的种子撒进了地里。

我们这里最先种下的是亚麻，接着是娇嫩的小麦，最后是燕麦和大麦等春播作物。

而像黑麦和冬小麦这些秋播作物现在已长到离地好几十厘米高了。它们都是在去年秋天播下的种，出苗后，在雪下过的冬天，现在正齐刷刷地长个儿呢。

大清早和傍晚，在喜洋洋的绿茵丛中，传来一阵“契尔——维克！契尔——维克！”声，听来像是大车开过去发出的嘎吱声，却又不见踪影，又像是奇大无比的蝈蝈的唧唧声。

可是这不是大车，也不是蝈蝈。这是美丽的野鸡——灰山鹑在呼叫。

这种山鹑浑身灰色，掺杂有白色花纹，颈部和两颊呈橙黄色，红红的眉毛，黄黄的脚。

绿茵深处，它的娇妻——雌山鹑在忙着为自己筑巢。

牧场上嫩草已长出新绿。天刚放亮，小木屋里的农家孩子们已被响亮的牛、羊、马的叫声惊醒，牧人纷纷把畜群往牧场赶。

有时候看得见寒鸦和椋鸟怪模怪样地骑在马背和牛背上。奶牛往前走着，这些小小的有翅骑士却用喙啄它的背，“笃笃”声一再响起。奶牛原本可以像赶苍蝇那样用尾巴把它们赶走，但它没有这样做，忍耐了下来。为什么？

道理很简单：小骑士分量不重，又能帮上不少的忙——原来，椋鸟和寒鸦这是在牛马的皮毛里啄食牛虻的幼虫和伤口处苍蝇产下的卵。

胖墩墩、毛蓬蓬的熊蜂已经从冬眠中醒过来了，正在嗡嗡叫，闪闪亮的瘦黄蜂飞来飞去。该是蜜蜂登场的时候了。

庄员们把冬季放在越冬蜂房和地窖里的蜂箱搬出来，移到养蜂场去。长着金色翅膀的小蜜蜂从蜂房入口处爬出来，在阳光下小憩片刻，身子暖和后，伸了伸腰板，飞走了。它们去采集花中甜蜜的汁液，产出今年第一批蜂蜜。

农庄里植树造林

我们州的农庄在春天里都要造好几千公顷的树林。在许多地方，每年要开辟面积达10～15公顷的苗圃。

塔斯社圣彼得堡讯

集体农庄新闻

H. M. 帕甫洛娃

新城

昨天，在果园附近，一个晚上就有一座新城拔地而起。城里的所有房子都是整齐划一的。听说那些房子都不是现场建的，而是从别处扛过来的。这里天气暖和，城里的居民都很喜欢，爱出去玩。它们在自己的房子上空东转转西看看，好记住自己住在哪条街、哪座屋。

开始农忙了

拖拉机日夜在田野里忙个不停。夜里只有拖拉机在忙碌，到了早晨，就会有一大群寒鸦紧跟在拖拉机后面。它们放开肚子吃，也吃不完被拖拉机翻出来的蚯蚓。

河流和湖泊附近，跟在拖拉机后面的不是黑压压的一大群寒鸦，而是白花花的鸥鸟。鸥鸟也爱吃蚯蚓和在泥土下越冬的甲虫幼虫。

奇妙的芽儿

在一些黑醋栗丛中有些奇妙的芽儿，很大很大，圆圆的。有的芽儿张开了，模样很像极小的甘蓝叶球。拿到显微镜下一看，叫人大吃一惊。里面居然栖息着一些讨人厌的东西。它们的身子长长的，弯弯绕绕，蹬着小腿儿，抖着小胡子。

你说，这么一来，小芽儿怎么会不长得鼓鼓囊囊的呢？里面有扁虱子躲着过冬哩。扁虱子可是黑醋栗最可怕的天敌。它们毁了黑醋栗的芽儿，还会把传染病带给醋栗树丛，害得黑醋栗结不了果。

趁着树丛上膨胀开的芽儿还不多，扁虱子还没爬出来，赶紧把这些芽儿全摘下，一把火烧了。要是遇到长了很多病芽的树，那就要把整棵树烧了。

都市新闻

植树周

积雪早已融化。大地也已解冻。城市和州里开始了植树周活动。春季植树的这几天成了我们盛大的节日。

在学校的园地、花园和公园里，房子旁，道路上——到处都有孩子们刨土挖坑准备植树的身影。

涅瓦区少年自然界研究者活动站准备了数万棵果树苗。两万棵云杉、山杨、枫树苗从苗圃运到了滨海区的各个学校。

塔斯社圣彼得堡讯

林木储蓄箱

田野一望无际。要防止风灾，得造多少防风林啊！我们学校的孩子们懂得种植防风林带是国家大事。所以，六年级一班摆出一只大箱子——林

木储蓄箱。箱子里有枫树子，有白桦树的葇荑花序，有结实的棕色橡子……那都是小朋友们装在桶里带来的。就拿维佳·托尔加乔夫说吧，光榛树子就收集了10千克。到了秋天，储蓄箱就装不下了。我们将把收集来的种子交出去，作为开辟新苗圃之用。

丽娜·波丽亚诺娃

城市里的海鸥

涅瓦河一开冻，它的上空就可以见到海鸥。它们压根儿不害怕轮船和城市的喧嚣声，当着人的面心安理得地从水里拖出鱼来。

海鸥飞呀飞，飞累了，就直接落在住房的铁皮屋顶上休息。

摘自少年自然界研究者的日记

蘑菇雪

5月20日。早晨，阳光灿烂，东方的天空一片蔚蓝，这时候突然下起了雪。雪花就像闪闪发光的萤火虫，轻盈而缓慢地漫天飞舞。

冬天，你别吓唬人啦，你下的这场雪的寿命长不了！这雪就像是夏天的蘑菇雨，挡不住太阳的笑脸，却促使蘑菇更快地生长。

雪花一落地就化了。

不妨出城到林子里看看去，说不准在那里有惊喜等着你哩。

说不定在融雪之下的地面上能找到棕色的、满是皱褶的伞帽，那是早春头批冒出的蘑菇——羊肚菌和鹿花菌的头，可好吃哩。

驻林地记者 维丽卡

狩猎纪事

在马尔基佐瓦湿地猎野鸭

集市上

这些日子，圣彼得堡的市场上有各个种类的野鸭出售：有身子全黑的，有很像家鸭的，有个头儿很大很大的，也有很小很小的；有的尾巴像锥子，尖尖的，长长的；有的嘴巴宽宽的，像把铲子；还有的嘴巴窄窄的。

要是哪个没经验的主妇买了野禽，那就糟了。你看她买了野鸭回家，烧了要吃，可谁也咽不下口，因为鸭肉满是鱼腥味儿。原来她从市场买回来的是只专吃鱼虾的潜鸭，或秋沙鸭，或者压根儿就不是鸭子，而是潜水鸊鷉[1]。

可有经验的主妇一眼就能看出哪种野鸭是潜鸭，哪种是好鸭子——一看它后面那个最小的脚趾就明白了。

雄的、雌的潜鸭的这个脚趾上有块大且突出的厚皮，而河里那些“高贵的”野鸭脚趾上的厚皮很小。

① 鸊（pì）鷉（tī） 鸟，外形略像鸭而小，翅膀短，不善飞，生活在河流湖泊上的植物丛中，捕食小鱼、昆虫等。

在马尔基佐瓦湿地

春天，许多不同品种的野鸭都被捉来在市场上出售。但还有更多的野鸭待在马尔基佐瓦湿地。

自古以来，芬兰湾中位于涅瓦河口与科特林岛之间的那片水域被称为马尔基佐瓦湿地。喀琅施塔得要塞就在那个岛上。这里是圣彼得堡猎人狩猎的好去处。

请到斯摩棱斯克的河边走走。河岸上，在斯摩棱斯克公墓旁，你会看见一种形状奇特、与河水同色的小船。这种船底部很平坦，船头和船尾高高翘起，船身不大，却非常宽。

这是一种打猎用的小划子。

傍晚时分，你也许碰巧会遇到一个猎人。他把自己的小划子推进河里，把猎枪和其他东西放进小划子，掌着尾舵，顺水而下。

20分钟之后，猎人就到了马尔基佐瓦湿地。

涅瓦河早已解冻了，但海湾里还有大冰块。小划子穿过灰色的波浪飞快地向冰块划去。

猎人终于到了冰块前，把船靠了上去，人上了冰块。他在毛皮外套上套上白色的长袍，又从小划子里拖出引诱野鸭的母鸭，用绳子拴着，放进水里。绳子一头固定在冰块上。母鸭立时嘎嘎地叫了起来。

猎人坐进小划子，离开了冰块。

出卖同类的野鸭和穿白袍的隐身人

等不了多久。

远处一只野鸭从水里钻了出来。这是只公鸭。它听到了母鸭的召唤，向它飞了过去。

没等到它靠近母鸭，枪声响了——砰！砰！两声枪响过后，公鸭一头栽进水中。

被当作诱饵的母鸭非常明白自己担当的角色，便一个劲儿地叫呀叫呀，叫个不停。好像是自己收了人家的钱，哪能不卖力。

公鸭听到母鸭的呼唤声，纷纷从四面八方飞过来。

公鸭只看到母鸭，没注意到白色冰块旁边还有只白色的小划子和穿白袍的猎人。

猎人一枪又一枪，各种各样的野鸭一只又一只跌落下来，进了他的小划子。

一群又一群野鸭在万里海洋跋涉途中纷纷倒地。太阳西沉。城市的轮廓渐渐隐去，那个方向亮起了万家灯火。

天太黑，开不了枪了。

猎人把当诱饵的母鸭拿回了小划子，又用铁锚把小划子紧紧地固定在冰块上，这样小船就能更紧地贴在冰块的边缘上，免得船身被浪撞坏。

该考虑过夜的事了。

起风了。天空乌云密布，四周一片漆黑，伸手不见五指。

水上的房子

猎人在船的两舷上固定好两个弧形木架子，解开帐篷，套在木架上，绷紧了。完事后他点燃了煤油炉，从海里舀起一壶水（马尔基佐瓦湿地的水是从涅瓦河流来的，是淡水），放在炉上烧开。

雨水滴滴答答敲打在帐篷上。

可猎人才不在乎这雨点呢，因为帐篷是防水的，里面又干又亮堂，而且生着煤油炉就像生着炉子一样暖和。

猎人喝着热茶，吃着点心，也忘不了给自己的帮手母鸭喂食。他还抽起了烟。

春天的夜晚很快就过去了。天空又露出了明晃晃的光带，光带越来越大，越来越宽。乌云在退，风也停下来，雨不下了。

猎人朝帐篷外望了望。

远处的河岸黑黝黝的。望不见城市，也见不到一丝灯光。一夜间，风把冰块远远地吹到辽阔的大海里去了。

糟了，这下要回城得花不少时间。幸而夜里的风没有吹来另一块冰，要不然两块冰相撞小划子就会粉身碎骨，猎人也会跟着被挤成肉饼。

赶紧干正事啦！

猎天鹅

又响起了嘎嘎声。引诱公鸭的母鸭起劲地在叫唤。可是这时候，附近波浪里起起伏伏游着的还有一只很大的白天鹅。它闷声不响，因为它只是个标本。

野鸭游过来了。猎人开起了枪。

突然间，头顶传来一声声像是远处的号角声：

“克噜——克噜，克噜——克噜，噜噜……！”

公鸭的翅膀扇得哗哗响，纷纷落到母鸭身旁——整整一大群。可是猎人没理会。

他利索地换了枪里的弹药。双手拢在一起——那姿势很特别，送到嘴边，学着天鹅的叫声，吹了起来：

“克噜——克噜，克噜——克噜，噜噜，噜……”

在很高很高的云端，三个黑点在渐渐变大。那号角声越来越清晰，越来越响，越来越刺耳。

猎人停止吹叫，不再理会它们了，因为这时候谁也学不像近处天鹅的叫声了。

现在已看得一清二楚：三只白天鹅慢慢地扇动几下翅膀，落到了

冰块上。它们的翅膀在阳光下闪烁着银色的光辉。

天鹅越飞越低，兜起大大的圈圈。

它们从空中已发现了冰上的那只天鹅，以为是在招呼它们下来呢，于是飞了过来，对方要么是累坏了，要么是受了伤，离群落到冰上来了？

它们飞了一圈，又一圈……

猎人坐着，一动不动，只是牢牢地注视着这群大白鸟，天鹅伸出长脖子，离他一会儿近，一会儿远。

杀戮

又兜了一圈，这时候天鹅离小划子很近、很近，几乎伸手可及。

砰！……最前面的那只天鹅的长脖子，像根鞭子，直直垂了下来。

砰！……第二只天鹅在空中翻了个身，重重地落到了冰上。

第三只天鹅向高处飞去，消失在远方。

猎人这下可是交上难得的好运了！

赶快回家吧。

可是现在不是说回家就能回家了。

马尔基佐瓦湿地上空乌云密布，10步开外什么都看不清了。

城里传来工厂低沉的汽笛声。汽笛声时而在这边，时而在那边，简直分不清该往哪个方向走。

细小的冰块撞击小划子，发出玻璃破裂似的清脆响声。

船头下响起嚓嚓声，那是细冰碴儿擦过的声音。

一路上万一撞上坚固的大冰块，那该如何是好？

小划子准会翻个底朝天，一个跟斗沉到水底！

第二天

安德烈耶夫市场上，一群人好奇地打量着两只雪白的大鸟。两只鸟搭在猎人的肩头，鸟喙几乎要碰到地面了。

孩子们围着猎人，问东问西：

“叔叔，鸟哪里打来的？这当真是咱们这里常见的鸟？”

“鸟正要往北方飞，去那里做窝呢。”

“嗬，那窝该是很大很大的吧！”

家庭主妇关心的是另一码事。

“你说说，能吃吗？有没有鱼腥味儿？”

猎人嘴里是回答了，可耳畔还响着活生生的天鹅发出的号角声，响着野鸭飞快抖动翅膀时发出的嗖嗖声，以及碎冰撞击划子时发出的清脆响声……

这里讲的都是旧时的事。

现在，每年春天，圣彼得堡上空仍旧有天鹅飞过，仍旧会从天外传来响亮的号角声。但天鹅的数量已大不如前，少了很多很多了。于是猎人们千方百计，费尽心机，个个都想捕到这么大、这么美的天鹅。简直要把天鹅赶尽杀绝。

如今，我们这里严格禁止捕杀天鹅。谁要是杀害天鹅，就要受罚，罚款还不轻呢。

但在马尔基佐瓦湿地还是允许打野鸭的，因为那里的野鸭很多。

公　告

请踊跃报名

敬请加入鸟兽救助协会，拯救被水淹的兔子、狐狸、松鼠、鼹鼠和其他各种陆栖兽类。

请为它们打造住处

我们那些大名鼎鼎的歼灭害虫的小朋友——鸣禽——现在正在为自己找住处，以便养育幼雏。

我们诚挚地请求读者伸出援手，为它们打造住处。

凡是树干上掉落腐败枝条的地方，总要留下个凹处，很容易把它挖深，形成一个洞。在腐朽的老树干上也容易挖出洞。山雀、红尾鸲、白腹鹟和其他以树洞为巢的小鸟——小猫头鹰、黑啄木鸟等，很喜欢在这样的树洞里安家。

至于那些爱在灌木丛做窝的小鸟，最好帮它们把灌木枝条扎成一束束。

No.3

（春季第三月）

5月21日至6月20日太阳进入双子宫

МЕСЯЦ ПЕСЕН И ПЛЯСОК

歌 舞 月

5月到了——唱吧，玩吧！春天已认认真真着手干起了第三件事：开始给森林披上新装了。

瞧，森林里欢乐的月份——歌舞月开始了！

胜利，太阳彻底战胜了冬天的严寒和黑暗，取得了完全的胜利——光和热的胜利。随着晚霞与朝霞握手言欢，北方的白夜跟着开始了。生命把土地和水掌握在手，又生机勃发，昂首生长了。高大的树木披上绿装，焕发出新生的容光。无数昆虫展开轻盈的翅膀飞上高空，翩翩起舞。可是，一到黄昏，夜战能手夜鹰和身手矫健的蝙蝠，就趁着夜色出来捕捉昆虫。白天，家燕和雨燕在空中来往穿梭，雕和鹰在森林上空盘旋巡视，茶隼和云雀扇动翅膀，像是被一根根线悬吊在田野上空。

不用活页的门开了，长着金色翅膀的住户——勤劳的蜜蜂纷纷飞了出来。田野的琴鸡，水上的野鸭，树上的啄木鸟，天上的绵羊——鹬，它们无不在树林的上空歌唱、欢舞、嬉戏。用诗人的话来说，如今“我们俄罗斯的鸟和兽类无不欢欣雀跃。林中的肺草从上一年的枯叶下钻出来，闪着蓝莹莹的光泽”。

我们把五月称为“哎呀月”，你可知道为什么？

这是因为有点儿暖，又有点儿冷。白天，阳光和煦，夜晚，哎呀，多冷！五月份，树荫下是天堂，可有时还得给马铺上干草，自己也得睡火炕呢。

欢乐的五月

哪个小动物不想试试身手，展示一下自己多勇敢，多有力，多灵巧！林中很少听到歌声，看到舞蹈，见到的尽是龇牙咧嘴、打斗捕杀。绒毛、皮毛和羽毛到处乱飞。林中的居民忙得不亦乐乎，因为这是春天的最后一个月了。

夏天很快就要来到，随之而来的就是为筑巢和哺育后代而费心操劳。

农村里的人都说：“俄罗斯的春天倒乐意像个老姑娘，赖在家里，待一辈子，可总有一天，布谷鸟一叫，夜莺开口一唱，还不是得让出位来给夏天。”

林间纪事

林中乐队

夜莺到了这个月，一放开喉咙，日也唱，夜也唱，恨不得一刻也不歇着。

孩子们纳闷儿了：它倒是什么时候睡觉呢？春天里的鸟忙个不停，顾不上多睡觉。鸟的睡眠时间都很短，唱一会儿歌，唱着唱着，打个盹儿，转眼又醒过来，再唱。它们只是半夜三更才睡上一小时，中午再睡它一小时。

早霞初染和霞光满天时，不单鸟类，林中所有的居民无不引吭高歌，尽情玩耍，各尽所能，放声歌唱。有拉琴击鼓，有吹笛弄箫，此外，汪汪声、咳咳声、嗷嗷声、尖叫声、哀叹声、嗡嗡声、咕咕声、呱呱声，此起彼落，不绝于耳。

歌声悠扬的是苍头燕雀、夜莺和鸫鸟，唧唧啾啾叫的是甲虫和螽斯[1]，咚咚击鼓的是啄木鸟，吹笛的是黄莺和白眉鸫鸟。

狐狸和柳雷鸟哇哇叫，狍子叫起来就像咳嗽。狼在嗥。雕鸮的叫声像哀叹。熊蜂和蜜蜂忙忙碌碌，嗡嗡声不停。青蛙叫声咕咕呱呱。

放不开歌喉的也不难为情，它们发挥所长，各显神通。

啄木鸟挑选发声响亮的干树枝做鼓，坚硬而灵巧的喙便是鼓槌。

天牛坚硬的脖子嘎吱嘎吱作响，听来活脱脱像提琴声！

螽斯的爪子带钩，翅膀上有倒钩，爪子弹拨翅膀，照样能发出乐声。

棕红色大麻鸻[2]的长嘴往水里一伸，开始吹泡泡，水扑通扑通响了起来，犹如公牛在叫，响彻整个湖面。

还有田鹬，它连尾巴都能歌唱。你看它伸展开尾巴，昂首飞上高空，然后一头俯冲下来，风儿拨弄得它尾巴嗡嗡作响，听来就像小羊的咩咩叫。

好不精彩的林中乐队。

林中乐队有歌手、鼓手、提琴家……森林里真热闹呀！

① 螽（zhōng）斯　昆虫，身体绿色或褐色，触角呈丝状。善于跳跃，一般吃其他小动物，有的也吃植物，是农林害虫。

② 鸻（héng）　鸟，体形较小，嘴短而直，前端略膨大，翅膀的羽毛长。只有前趾，没有后趾。多生活在水边、沼泽和海岸。

护花使者

花中最娇嫩的就是花粉了，因为一遇湿就坏掉了。雨水和露珠对它们都有害。那么，它们通常是如何保护自己的呢?

铃兰、黑果越橘和越橘的花好像是一只只悬挂着的小铃铛，所以它们的花粉始终都会得到这些保护罩的呵护。

金梅草的花是朝天开的，但花瓣像只匙子，向里弯着，而层层花瓣的边紧紧挨在一起，从而形成了一个严丝合缝的毛蓬蓬的小球。雨水打来，落到花瓣外面，里面的花粉却安然无恙。

凤仙花——这时候还只是含苞待放——它的花都躲在叶子下。真是一些有心计的家伙：它们的腿都伸过叶柄，牢牢地占据了叶子下的位置，自然可以高枕无忧了。

野蔷薇有许多雄蕊，下雨时花瓣就闭合起来。白睡莲的花也一样，遇到刮风下雨，也把花瓣闭起来。毛茛的花每逢下雨就把头垂下来。

H. M. 帕甫洛娃

最后飞临的一批鸟

春天快要结束了。圣彼得堡州飞来了最后一批鸟。它们都是在南方越冬的。

不出我们所料，这些都是装扮得五彩缤纷的鸟。

如今，草地上盛开着鲜花，灌木丛和大树披上新绿，枝叶成荫，这里成了躲避猛禽袭击的好处所。

彼得宫的一条小溪上，出现一只翠鸟。它来自埃及。这只鸟身披蓝中带绿并杂有咖啡色的外衣。

在树丛中，几只长着黑翅膀的毛色金黄的黄莺，叫声像吹笛子，又像一只瘦弱的小猫在叫。它们来自非洲南部。

在湿漉漉的灌木丛中出现蓝肚皮的蓝喉歌鸲和羽毛斑驳的石鹟，沼泽地里也有金黄色的鹡鸰出没。

来这里的还有肚皮毛色各不相同的红尾伯劳鸟，毛色各异、领毛蓬松的流苏鹬和绿中带蓝的蓝胸佛法僧鸟。

松鼠爱吃肉

整个冬天，松鼠只吃植物性食物，吃坚果的仁，吃秋天储藏起来的蘑菇。现在时候到了，它可以开荤了。

许多鸟已筑好了窝，产下了蛋，有的甚至孵出了小鸟。

这正中松鼠的下怀，因为它可以在树枝间和树洞里找到鸟窝，叼走里面的小鸟和鸟蛋美餐一顿。

这种可爱的啮齿动物干起毁损鸟窝的坏事来，丝毫不比任何猛禽逊色。

找浆果去！

草莓成熟了。阳光下，哪里都可以见到完全成熟的鲜红草莓浆果——多香，多甜的浆果！只要吃一口，就让人回味无穷。

黑果越橘也成熟了。沼泽地里的云莓正在成熟。黑果越橘矮丛上的浆果很多很多，而每棵草莓的浆果至多只有五颗。结果最少的数云莓，它的茎顶只结一颗果实，而且并非每株都会结果——开的尽是些不结果的花。

H. M. 帕甫洛娃

这是什么甲虫

我发现了一种甲虫，但不知道它叫什么，吃什么。

这种甲虫跟瓢虫几乎一模一样，只是瓢虫浑身红色，点缀着黑色小圆点，而这种甲虫通体黑色。它的身子圆滚滚的，比豌豆大一点儿，长着六条小爪子，会飞，背上有两片黑色小硬翅，翅膀下是两片黄色软翅。它翘起黑色硬翅，伸出黄色软翅，就飞起来了。

有趣的是，一旦发现有危险，它就把爪子藏到肚皮下，触须和脑袋缩进身子里，藏了起来。如果把它抓到手心里，说什么也看不出它是甲虫，这时候倒很像一颗小小的黑色水果糖。

可要是过了一会儿，不去碰它，它所有的爪子就会伸出来，接着又探出脑袋，再伸出触须。

我非常想知道，这是什么甲虫，能告诉我吗？

柳霞·留托宁娜，12岁

编辑部的答复

你已详尽地描述了自己见到的甲虫，我们一下子就判断出那是什么。那是阎虫，属盾蝽科。它像乌龟，行动缓慢，而且爱把头脚缩进甲壳里。它的甲壳里有很深的凹陷，藏得下爪子、脑袋和触须。

阎虫有多种：有黑色的，也有其他颜色的。它们全都吃腐败的植物和粪便。

有一种黄色的阎虫，全身长着小茸毛，和蚂蚁生活在一起，来去自由。不飞了，它就回到蚂蚁窝。蚂蚁不去碰它，蚂蚁在保护自己巢穴不受外敌破坏的同时，也保护了自己的同居者阎虫。

摘自少年自然界研究者的日记

毛脚燕的巢

5月28日。一对毛脚燕在邻居小屋的房檐下，正对着我窗口的地方，筑起巢来了。我挺高兴，因为现在我能看到燕子是如何营造自己精美的小圆屋，能看到从开工筑巢到完工的全过程了。它们什么时候坐窝孵卵，怎样喂小燕子，我能全都了解得一清二楚了。

我一直注视着，我的燕子往哪儿去找建筑材料：就在村子中间的小河边。它们到了近水岸上，用喙啄来一小块黏土后，立即衔着泥土飞回木屋。它们在房檐下轮流换班，把泥土粘在墙上，又匆匆回去取新的泥块。

5月29日。遗憾的是，虽然我高高兴兴地看着燕子筑新窝，但看见的不只是我一个人，还有一只待在邻居家叫费多谢依奇的公猫，今天它一早就爬上了房顶。这是一只猫毛零乱的灰色流浪猫，在和别的公猫打斗时把右眼打瞎了。

这只猫注视着飞来的燕子，眼睛死死地盯着房檐，看燕子窝做好了没有。

燕子见状发出警报，只要猫不离开房顶，就停工不再做窝了。敢情燕子打算飞走，不再回来了？

6月3日。这几天里燕子做好了窝的底部——薄薄的一圈，像镰刀似的。费多谢依奇老爱爬上房顶，引起燕子惊慌，影响工程进度。今天，过了午后，就是不见燕子飞来，看来它们打算抛弃这个工地，另找更安全的地方做窝，那样一来我可是什么也看不到了。

6月19日。这几天一直都很热。房檐下镰刀形泥窝已经干了，由黑

色变成了灰色。燕子始终没再露面。白天，天空乌云密布，下起了白花花的雨。那可真是一场瓢泼大雨！窗外仿佛挂上了一层由透明的雨柱编成的帘子。街上奔流着雨水汇成的小溪。哪儿也别想蹚水过去：河水已漫上了岸，发了疯似的哗哗流淌，两岸的稀泥淤积得很厚，脚踩下去都没过膝盖了。

快到傍晚，雨停了。房檐下飞来一只燕子。它的身子在那做了一半的镰刀形窝上紧紧贴了一会儿，又飞走了。

我心想："也许燕子不是被费多谢依奇吓走的，而是因为那些天没地方找到潮湿的泥土吧？它们也许还要飞来吧？"

6月20日。飞来了，果然飞来了！不只是一对，而是整整一群——整整一大队人马。它们都聚集在屋顶上，转呀转，注视着屋顶下方，叽叽喳喳，显出焦虑不安的神情，像是在为了什么争论不休。

争论了约莫10分钟之后，燕子一下子全都飞走了，只有一只留了下来。它的两只爪子紧贴那个泥土镰刀窝，一动不动地停在那儿，只用喙修整着什么，也许是把自己黏稠的唾液涂抹在泥土上。

我相信，这是只母燕——这个窝的主人。因为不久飞来一只公燕，把一小团泥从自己的喙里吐到母燕的喙里。母燕又动手做窝，而公燕又飞走去取泥了。

公猫费多谢依奇上了房顶。但燕子并不怕它，不嚷也不叫，埋头干活儿，直忙到太阳下山。

如此说来，我能亲眼一见燕窝的落成了！但愿房顶上的费多谢依奇的爪子够不到燕窝。不过燕子不会不知道自己的窝做在哪里最安全。

驻林地记者　维丽卡

农庄纪事

庄员的活儿可多了：播种之后，要把厩肥和化肥运到地里，把肥料撒到地里，为来年的秋播作物做好准备。然后，庄员再干园地里的活儿：首先是种土豆，接着栽种的是胡萝卜、白萝卜、黄瓜、芜菁和甘蓝。这时候亚麻已长高，得除草了。

孩子们也在家里待不住了。无论是在田地，还是菜园和花园，他们都能帮上忙。他们可以种庄稼，除草，给树木修枝剪叶。农活儿可多哩！要扎好够一年用的桦树枝条扫帚，摘野荨麻的嫩头，用来做汤料。这种嫩头和酸模做的绿色菜汤可好吃了。他们要捉鱼：捉欧鲌、斜齿鳊、红眼鱼、河鲈鱼、梅花鲈、小欧鳊鱼、小雅罗鱼。捉小狗鱼用网和鱼篓；捉河鲈鱼、狗鱼、江鳕鱼用诱饵；其他的鱼用鱼竿钓。

晚上用大抄网（张在一个带长柄的框子上的口袋状渔网），什么鱼都能捕到。

夜里，他们从岸上撒下捕虾的网袋，自个儿稳坐在篝火旁，等更多的虾聚过来。与此同时，几个人谈天说地，说笑话，讲恐怖故事，不亦乐乎。

清早时分，再也听不到野公鸡——灰色山鹑的啼声，因为秋播的黑麦已长到齐腰高，而春播作物也已长高。

野公鸡还在老地方，可不是叫唤的时候了，因为近在身旁的窝里有蛋，母鸡在坐窝孵蛋呢。这时候要是叫出声来，就会招灾惹祸了：要是被大鹰、小孩或狐狸听到，个个都闻声赶过来——这些家伙可都是掏鸟窝的高手。

帮大人干活儿

假期一开始，我们少先队就开始帮大人干农活儿了。我们给庄稼除虫，消灭害虫。

我们又休息又干活儿，劳逸结合。

还有许多事等着我们去干，要我们操心。很快庄稼就要收割了。到时候我们要去拾麦穗，帮助女庄员捆麦束。

一放假，少先队员就主动帮大人干农活儿。在日常生活中，我们也要像他们一样，帮助父母做一些力所能及的家务。劳动的人最光荣！

驻林地记者　安妮娅·尼基金娜

新森林

俄罗斯联邦的中部和北部地带，春季造林已经结束。新的造林面积达到10万公顷。

今年春季，苏联欧洲部分的草原地区和森林草原地区的农庄种植了大约25万公顷的防护林带。

与此同时，农庄还开辟了大量的苗圃，为来年提供超过10亿棵各品种的树木和灌木的幼苗。

到了秋季，俄罗斯联邦的林场将种植几十万公顷的新森林。

塔斯社讯

集体农庄新闻

H. M. 帕甫洛娃

逆风来帮忙

“突击队员”农庄从亚麻地里给我们寄来了投诉信。亚麻幼苗抱怨说，地里出现了敌人——杂草，害得它们活不下去了。

农庄立马派出女庄员去助亚麻一臂之力。她们动手整治这些敌人，而对亚麻百般呵护。她们脱了鞋袜，光着脚，小心翼翼地走着，始终顶着风走。女庄员踩过后，亚麻倒伏下去。但是一阵逆风过去，亚麻的细茎被风一推就扶了起来。亚麻又能没事似的，立稳脚跟，挺直身子了。而它们的敌人已被消灭干净。

今天头一次

一小群牛犊今天头一次被放到牧场上。你看它们东奔西跳，摇头晃尾，别说有多开心了。

绵羊脱下棉袄

“红星”农庄的绵羊理发室里，10位经验丰富的剪毛工，在用电动推子给绵羊理发。说是理发，那简直是要剥掉绵羊的一层皮，把人家浑身上下的毛全给剪掉了。

哪个是我的娘

羊妈妈的一身毛被牧羊人剪得精光，被送到羊宝宝身边。

“娘，你在哪里？你在哪里？”羊宝宝哭喊着问。在牧羊人的帮助下，它们才找到了自己的娘。接着，又一批绵羊被送到理发室去剪毛了。

重要的日子到了

果园的重要日子到了。草莓已经开花。低矮而滚圆的樱桃树上盛开着雪白的花朵。昨天，梨树枝头已是花蕾点点。再过一两天，苹果树也花满枝头了。

都市新闻

圣彼得堡的驼鹿

5月31日清晨，在密切尼科夫医院旁边发现一头驼鹿。这几年，在城市边缘地区发现驼鹿已不是第一次了。正如大家猜测的，驼鹿是从弗谢沃洛斯克区的森林来到圣彼得堡的。

试飞

在大街、公园或街心花园行走的时候，不妨抬头看看，免得被从树上掉下来的乌鸦和椋鸟的雏鸟，或从房顶上跌落的麻雀和寒鸦的幼鸟，砸到脑袋。这个时节，雏鸟正从窝里出来学飞行呢。

斑胸田鸡在城里昂首阔步

最近，郊区的居民夜间常听到断断续续的低声尖叫："福奇——福奇！……福奇——福奇！"叫声开始时是从一条沟里传出来的，后来又从另一条沟响起。

这是斑胸田鸡——一种生活在沼泽地里的母田鸡正在穿过城市。斑胸田鸡是长脚秧鸡的近亲，是徒步跨越欧洲来到我们这儿的。

采蘑菇去！

一场温暖的好雨之后，你可以到城外去采蘑菇了：红菇、牛肝菌和白菇纷纷从土里钻出来了。

这是夏天第一批长出来的蘑菇——抽穗菇。之所以取名抽穗菇，那是因为它们出现的时候，越冬的黑麦正好抽穗。一到了夏末这些蘑菇就不见了。

一发现花园里的丁香花开始凋谢，你就知道春季已结束，夏天来了。

蝙蝠的回声探测器

一个夏天的晚上，一只蝙蝠从敞开的窗子里飞了进来。

“赶走它，赶走它！”小女孩急急忙忙用头巾包住自己的头，嚷嚷道。可秃头的老爷爷唠唠叨叨地说：“它扑的是光，干吗往你的头发里钻？”

就是前几年科学家也还不明白，夜里，黑暗中，飞行的蝙蝠怎么会认得路。

蒙上它的眼睛，堵上它的鼻子，蝙蝠照样能避开重重障碍，甚至连拴在房间里的细线也能绕过去——机灵地逃过罗网。

如今发明了回声探测器，这个谜才得以破解。现在已确认，蝙蝠在飞行过程中，嘴里发出超声波——人耳听不到的微弱的尖细叫声。这种声音一遇到障碍就反射回来，蝙蝠灵敏的耳朵就能“接收”到这样的信号：“前面是墙！”或“有线！”或“有蚊子！”只有女性浓密的细发不能很好地传送和反射超声波。

秃头老爷爷自然用不着害怕，可小姑娘一头浓密的头发实际上被蝙蝠误当作是“窗子里的亮光”了，所以它才会冲着其中一扇窗扑过去。

狩猎纪事

我国幅员辽阔，圣彼得堡近郊狩猎季早已结束，而北方的江河刚开始进入汛期，猎事正值旺季。许多热衷于狩猎的人这时正往北方赶。

坐船进入春水泛滥的水域

天空乌云密布，夜晚黑漆漆的，像是已进入秋夜。

我和塞索伊·塞索伊奇驾着小划子，在一条林间小河里顺流而下。河岸陡峭。我拿着桨，坐在船尾，他坐在船头。

塞索伊·塞索伊奇是个什么飞禽走兽都打的猎人。他不爱捕鱼，连垂钓的人也不放在眼里。虽说今晚我们是去捕鱼的，可他仍不改初衷，硬说自己出去为的是“猎鱼”，而不是“钓鱼”“网鱼”或用别的什么渔具捕鱼。

陡峭的河岸很快过去之后，我们来到了一片辽阔的泛滥区。有的地方水面露出一丛丛灌木梢头，往前去，黑乎乎的树影幢幢，再往前，屹立着的是黑压压的林木，形成一道树墙。

夏天，一条窄窄的堤岸把一条小河与一个不大的湖隔开，岸上长满了灌木。小湖分出一条小河汊与小河相通。不过这时候已没有必要寻找小河汊，因为到处的水都很深。小划子在灌木丛间穿行。

船头的铁板上放着干松枝和松脂。

塞索伊·塞索伊奇用火柴点燃了松枝。

漂流中船上的篝火发出红黄色的火光，照亮了宁静的水面，映出了船四周光秃秃、黑黝黝的灌木枝干。

但我们无意观赏四周的景色，只留意身下，注视被照亮的湖水深处。我轻轻地划着桨，并不把桨拿出水面。小舟悄无声息地过去。

我的眼前浮现出一个奇幻的世界。

我们已到了湖上。水底下一些根植于泥土中的庞然大物若隐若现，它们长长的发须相互纠结，左右摇晃。它们是水藻还是水草？

好一片黑洞洞的水潭，深不见底。也许，实际上并不那么深，因为火光透进去照亮的地方最多只有2米深。但见了这么一个黑漆漆的无底深渊怎不叫人毛骨悚然！真不知道里面藏着什么！

突然从水下升上来一只银色的小球，开始时升得很慢，后来越来越快，越来越大。

这时候它已飞快地冲我蹿了过来，即刻就要飞出水面，眼看撞到我的脑门上……我不由自主地把头一偏。

只见小球变成红色，钻出水面，破裂了。

原来，是普通的沼气泡泡。

我像是坐在飞船里，在一个陌生的星球上空飞行。

身下漂过一座座岛屿，长满了挺拔的、密密的林木，是芦苇吗？

一个黑色的怪物摇摇晃晃，向我伸出多节疤的触手来。这怪物像章鱼，也像鱿鱼，但触手还要多，模样更丑陋，更可怕。这是什么东西？

原来是露出水面的树墩，是个盘根错节的白柳茬子。

塞索伊·塞索伊奇的一系列动作引起我的注意，我抬起了头。

他站在船上，左手拿着鱼叉——他是个左撇子。他的双眼紧紧盯着水里，目光炯炯，一副军人的气派。看来这位小个子、长满胡子的战士想用长矛吓唬倒在自己脚下的敌人。

鱼叉的木柄有2米长，底端装着五根闪闪发亮、带倒钩的钢齿。

塞索伊·塞索伊奇把被篝火映得通红的脸转向我，扮了个可怕的鬼脸。我渐渐停下船。

这位猎人小心翼翼地把鱼叉伸进了水。我朝下一望，只见水深处有个直直的黑色带状物体。开始时我以为那是根棍子，细一看，原来是一条大鱼的背脊。

塞索伊·塞索伊奇慢慢地把鱼叉往深处伸，打斜里过去。他手里拿着鱼叉，人一动不动地站着。

突然间，他把鱼叉直直叉下去，说时迟，那时快，眨眼间鱼叉有力地刺进了黑色的鱼背。

他把猎物拖出水面时，湖水涌动起来，只见钢齿上挣扎着一条重约2千克的圆滚滚的雅罗鱼。

小船继续前行。我很快发现一条不大的鲈鱼，脑袋钻进水下的灌木丛中，停着一动不动，像是陷入了苦思冥想之中。

鲈鱼距水面很近很近，甚至看得清鱼腹上的黑条纹。

我看了看塞索伊·塞索伊奇。他摇摇头。

我明白，在他看来这鱼微不足道，不值得猎取。我们便放过了它。

我们就这样在湖上划了一遍。水下王国神奇的景象在我面前一幕幕划过。再次停下船来，在看着塞索伊·塞索伊奇这位猎人猎取水下猎物时，我还是不忍把视线从美景上移开。

又一条雅罗鱼和两条硕大的鲈鱼、两条金灿灿的细鳞冬穴鱼从湖底落到了我们小船的船舱。黑夜很快就要过去了。这时候，我们的船在被淹没的田野上滑行。燃烧着的树枝和红红的火炭落入水中，发出嗞嗞声。偶尔听到头顶野鸭扇动翅膀发出的声音，但看不见野鸭的踪影。在一片孤岛似的黑漆漆树林中，麻雀大小的小猫头鹰在用温柔的声音安抚谁："我睡了！我睡了！"灌木丛后传来悦耳的叽叽声，是小公鸭在叫。

我发现，前方船头前的水中有一段短原木。我把船头转向一边，免得撞上这段原木。突然听到塞索伊·塞索伊奇惊恐不安的嘘嘘声：

“停！……停！……狗鱼！”

他激动得说起话来都含糊不清了。

他麻利地把绳索缠到手上，而绳索的另一端系在鱼叉柄端。他仔仔细细地、久久地瞄准起来，小心地把自己手中的家伙伸进水里。

他使出全身气力，向狗鱼刺去。

得，我们两个人反被狗鱼拉了过去！好在钢齿深深地刺进了鱼身，它怎么也脱不了身。

看来狗鱼足有7千克重。

塞索伊·塞索伊奇到底把鱼拖上了船，这时候天快亮了。黑琴鸡絮絮叨叨、嘹亮的“叽叽呱呱”声透过轻雾从四面八方传了过来。

“听着，”塞索伊·塞索伊奇欢快地说，“现在我来划桨，你来打猎，可别错过了。”

他把烧剩下来的树枝扔进水里，我俩调换了位置。清晨的微风吹散了薄雾，晴空如洗。好一个美妙、清朗的早晨！

我们的船沿着一块笼罩着绿色轻烟的林中空地前行。桦树白色光滑的躯干和云杉深色粗糙的树干直挺挺地从水里钻了出来。看前方，森林就像是悬在半空中。看近处，两座森林静静地在眼前漂着、漂着，一座树梢朝上，另一座树梢向下。水面一平如镜，魔术般地映照出黑、白色的树干，细枝条摇曳，轻波荡漾，涟漪连绵。

“准备！”塞索伊·塞索伊奇轻声提醒我。

我们驶近一个长着白桦的谷地——一个小树林。我们这是在淹没于水中的林间空地上行驶。一群乌鸦栖息在光秃秃的树梢上。奇怪的是，这些细枝条在大鸟的重压下竟没有折断。

明亮的天空清晰地映衬出雄黑琴鸡结实的黑色躯体，细小的脑袋和末端拖着两根弯弯曲曲羽毛的长尾巴。而毛色浅黄的雌黑琴鸡显得更朴素，更小巧，更轻盈。

黑色和浅黄色的大鸟的影子头朝下，伸长了的身子在下方谷地下的水中晃来荡去。我们离它们很近很近了。塞索伊·塞索伊奇悄无声息地划着桨，小船沿谷地行进。我为了不惊动警惕性很高的鸟，从容不迫地举起双筒猎枪。

黑琴鸡全都伸长脖子，小脑袋转向我们。它们都挺惊奇：漂过来的是啥？危险吗？

黑琴鸡都是些笨头笨脑的家伙。我们离得很近很近，离得最近时只有50来步。可这只黑琴鸡还在不安地摇头晃脑，寻思着：一有情况，该往哪儿飞？它的两只脚交替着缩上又踏下，踩得身下的细树枝弯了下来。它在惊慌中猛扇了两三下翅膀，免得失去平衡。

可跟它一起的伙伴还是一动不动地待着。它也觉得没事了。

我开了枪。砰的一声枪声像气团，从水面滚向树林，碰到了树墙又反射回来。

黑琴鸡黑色的躯体扑通一声落入水中，溅起了五颜六色的水柱。鸟群猛烈地拍动翅膀，立即从白桦树上飞走了。

我又开了一枪。匆忙中瞄着一只飞走的黑琴鸡，但是没有打中。

一清早就有了收获，打来这么一只羽毛丰满、美丽的鸟，还有什么不满足的呢？

“祝满载而归！”塞索伊·塞索伊奇道贺说。

我们俩收拾起湿淋淋、耷拉着身子的死琴鸡，不慌不忙地划着船，打道回府。

一群群野鸭在水面上疾飞而过，鹬鸟在叫，还是在岸上，黑琴鸡絮絮叨叨得更加响亮、更加警觉，气呼呼地啾啾叫个不停。森林上空升起一轮红日。

云雀在田野上鸣啭。我们一夜未眠，却毫无睡意。

本报特约记者

公　告

良机莫失！

在静悄悄的林中，在满是芦苇的湖上，有一场精彩的演出。观众应该在岸上搭一个小窝棚，藏身其中。

在一个晴朗的早晨，朝霞初升的时候，两位盛装打扮的演员从水草丛里游了出来。这是两只奇异的鸟，细红嘴巴，蓬松的羽毛做的领子直盖住了面颊，在上升的阳光下，金属光泽闪闪烁烁。这是两只潜鸟，也就是䴙䴘。你得老老实实坐着，看它们有什么样的演出。

你看，它俩肩并着肩，并排出场了，活像队列中的两名士兵。猛地，像是听到了“齐鞠躬！”的命令，它俩又各自分了开来。一个猛转身，面对面，鞠起了躬，它俩又仿佛跳起了舞。

接着，它们各自伸长脖子，仰起脑袋，张开嘴，好像是在发表庄严的演说。突然头一低，眨眼间，扑通一声钻进了水中，却连水泡泡也没一个！过了约莫1分钟，一只接一只先后蹿出水面。它俩在水上，就像在地上一样，直挺挺地立起整个身子，彼此给对方嘴里送去水底下掏来的一片片绿藻，就像在交换两条绿手绢。

看到这么精彩的表演，你禁不住会给它们鼓起掌来，却不料鸟不见了，都消失在芦苇丛中！

一、猜谜语

关于大自然的谜语有很多，根据谜面的提示开动脑筋，把经过思考得出的答案填写在括号中。

1. 它不是炉子，不用烧柴火，照样暖和。（　　）

2. 求我来，盼我来，我来了又躲起来。（　　）

3. 有个老妈妈，冬天盖白被，春天穿花衣。（　　）

4. 它不是树，却长满杈。（　　）

二、思维训练营

下面这些问题一定难不倒你，快把答案和背后的原因写在横线上吧！

1. 干净的雪和脏的雪哪种融化得更快？

____

____

2. 当春汛来临时，哪类鸟会遭殃？

____

____

三、故事储蓄罐

读完森林里春天发生的故事后，你最喜欢的是哪一篇呢？将它记录在下面的卡片上，好好地存进小罐子里吧！

猜谜语答案：1.太阳　2.雨　3.大地　4.鹿

Лесная газета

森 · 林 · 报

阅读小贴士

在充满热情与活力的夏天，动物们忙着筑巢和哺育幼儿，处处是生机勃勃的景象。你看，狡猾的狐狸占领了獾的洞穴；小熊帮妈妈给两只熊崽儿洗澡；猫在给自己收养的小兔喂奶；还有毛脚燕一家在邀请你来它们的新房子做客呢！

扫一扫，
获取原声朗读

(夏季第一月)

6月21日至7月20日太阳进入巨蟹宫

МЕСЯЦ ГНЁЗД

筑　巢　月

一年——分十二个月谱写的太阳诗章

6月，蔷薇色的6月，候鸟回家，夏天开始。一年中，这个季节的白昼最长，在遥远的北方，太阳始终不下山，完全没有了黑夜。潮湿的草地上，花儿更富有阳光的色彩。金梅草、驴蹄草、毛茛的花儿金灿灿的，染得草地金黄一片。

这个季节，在阳光灿烂的时刻，人们纷纷外出采集有药用价值的花、茎、根，以备在患病时，把这些药用植物内贮藏的阳光的生命力转移到自己身上。

6月21日，夏至[1]日，一年中最长的一天就这样过去了。

从此，白天慢慢地，慢慢地——可又让人觉得那么快地，像春光一样，慢慢地变短。俗话说得好："夏天钻过篱笆探出头来瞧着咱们……"

各种鸣禽都有了自己的窝，窝里是五颜六色的蛋。娇嫩的小生命破壳而出，正在探头探脑地打量这个世界哩。

① 夏至　二十四节气之一，在6月21日或22日。这一天太阳经过夏至点，北半球白天最长，夜间最短。

狐狸是怎样把獾撵出家门的

狐狸遭了殃：它的洞穴塌了顶，险些压死小崽子。

狐狸一见大事不妙，只得决定搬家。

它去找獾。獾的洞穴远近闻名，是它自己动手挖出来的，有多个进出口，还有备用的侧洞，以应付意外袭击事件。

獾的洞很宽敞，两个家庭合住也绰绰有余。

狐狸请求獾让它住进去，可獾不干。它可是个讲究的房主，喜欢事事有条有理，家里干干净净，一尘不染。拖儿带女的外人住进来如何是好？

它把狐狸赶了出去。

“好哇！”狐狸寻思道，“你竟这样对我，等着瞧吧！”

狐狸装作要回林子里去，其实它就躲在小灌木丛后，坐等机会。

獾探头往外一看，狐狸不在，便离开洞穴上林子里去找蜗牛了。

狐狸赶忙溜进了獾的洞穴，满地拉屎，搞得臭气冲天，然后跑掉了。

獾回家一看，老天爷，这是怎么了！它懊恼地哼了一声，丢下这个洞，再找地方挖新居去了。

这正中了狐狸的下怀。

于是，狐狸拖儿带女搬进了獾那舒舒服服的家。

神秘的夜行大盗

森林里夜间出现了神秘的盗贼，引起森林居民极大的恐慌。

每天夜里总有几只小兔子失踪。一到夜里，小鹿呀、花尾榛鸡呀、母黑琴鸡呀、兔子呀、松鼠呀，全都不得安宁。无论是树丛里的鸟、树上的松鼠，还是地上的老鼠，谁都不知道盗贼会从哪儿冒出来。神秘的盗贼神出鬼没，时而来自草丛，时而来自树丛，时而来自树上。也许盗贼不是一个，而是一大帮吧。

几天前，森林里狍子一家——公的、母的，还有两只幼狍，夜间在林间空地上吃草。公狍在离灌木丛8步远的地方放哨。母狍带着两只幼崽在空地中央吃草。

冷不防，树丛里蹿出一个黑影，直向公狍的背猛扑过去。公狍倒了下去，母狍带着孩子跑进了林子。

第二天一早，母狍回到林间空地，只见公狍的身子只剩下两只角和四条腿了。

昨天夜里驼鹿也遭到了袭击。当时驼鹿正在静静的林子里散步。走着走着，它发现一棵树的枝丫上似乎多出了一个大赘瘤。

身高体大的驼鹿怕过谁？它头上有一对角，连熊也不敢冒犯它。

驼鹿来到树下，刚要抬头看树丫上那个赘瘤到底是啥玩意儿，只觉得一种可怕而沉甸甸的东西猛地落到它后脖子上，那重量足有30千克！

驼鹿这一惊非同小可——实在大大出乎它的意料——不禁猛地一摇头，把盗贼从背上甩了下来，自己扭头就跑。它始终不明白，夜间袭击它的到底是什么家伙。

我们的林子里没有狼，再说狼也不会上树。熊吗？现在它都钻进密林里忙着换毛了，况且熊也不会从树上往驼鹿的后脖子上跳。这神秘的盗贼到底是什么玩意儿？

眼下还不得而知。

谁是凶手

今天夜里，又发生了一起谋杀案，被害者是树上的一只松鼠。我们察看了凶案现场。根据凶手留在树干上和树下、地上的痕迹判断，终于查明了神秘的夜行大盗是谁，正是它不久前杀害了一只公狍子，害得整座林子惶惶不可终日。

根据爪印判明，这是来自我国北方的一种豹子，也是森林中最凶猛的猫科动物——猞猁[1]。

现在猞猁的幼崽已长得有点儿大了，猞猁妈妈就带着自己的子女满林子跑，爬树。

夜里，猞猁的视力与白天一样好，谁要是在睡前不好好躲起来，准会招来杀身之祸！

---

① 猞（shē）猁（lì） 哺乳动物，外形像猫，但大得多。尾巴短，耳的尖端有长毛，两颊的毛也长。全身毛棕黄色，厚而软，有灰褐色斑点，尾端黑色。善于爬树，行动敏捷，性凶猛。

六只脚的“鼹鼠”

我们一位驻林地记者从加里宁州发来报道说：

“为了体育锻炼，我准备在地上插一根竿子，挖土时把一只小动物和土一起抛了出去。它的前趾有爪，背部长着翅膀似的薄膜，身上满是黄棕色的细毛，仿佛披着一张密密的短毛皮。这只小兽长5厘米，样子像黄蜂，又像鼹鼠。从它的六只脚我判断出它是只昆虫。”

编辑部的解释

这只与众不同的昆虫确实像小兽。怪不得它得了个与兽类有关的名称：蝼蛄。总的来说，蝼蛄与鼹鼠最相似。它的两只前爪（手掌）很宽，是掘土的能手。此外，这两只前爪像剪刀。对它来说，这很有用：在地下来来往往时，正好用这两把“剪刀”剪断植物的根。个头儿和力气更大的鼹鼠干脆把这些根用强有力的爪子挖掉或用牙齿啃掉。

蝼蛄的颚长满牙齿似的尖角形薄片。

蝼蛄一生大部分时间都生活在地下，不停地在土中挖通道，在里面产卵，在卵上堆上小土堆。此外，蝼蛄还长有大而柔软的翅膀，所以善飞。在这方面，鼹鼠可就大为逊色了。

在加里宁州蝼蛄比较少见，在圣彼得堡更不多见，但在南方各州蝼蛄非常多。

想要找到这种独特的昆虫，就到潮湿的泥土中去找，水边、花园和菜园里尤其多。捕捉的方法：傍晚时，在某个地方浇上水，再在上面盖些木屑；到了夜里，蝼蛄就会钻到木屑下的烂泥中来了。

摘自少年自然界研究者的日记

毛脚燕的窝

6月25日。我每天看见毛脚燕在忙忙碌碌，做着窝，眼看着窝慢慢地变大。毛脚燕一大早就开始工作，忙到中午休息两三个小时，然后又接着修理、建造，直到太阳下山前约莫两个小时才收工。不过，毛脚燕也不能连续不断地干活儿，因为这中间需要些时间让泥变干。

有时其他的毛脚燕登门做客，如果公猫费多谢伊奇不在房顶，它们还会在屋顶上坐一会儿，好声好气地聊聊天，新居的主人是不会下逐客令的。

现在毛脚燕窝变得像个下弦月，就是月亮由圆变缺，两个尖角向右时的模样。我非常清楚毛脚燕为什么造这种样子的窝，为什么窝的两边不向左右两边平均发展。那是因为雌燕和雄燕同时参与了做窝工程，可雄燕和雌燕下的功夫不一样。雌燕衔着泥飞来，头始终向左落在窝上，它做起左边的窝来非常卖力，而且去衔泥的次数比雄燕多得多。雄燕呢，常常是一去好几小时不见踪影，怕是在云彩下和别的燕子追逐嬉戏呢。雄燕回到窝上时，头总是朝右。这样一来它造窝的速度老赶不上雌燕，所以右半边始终比左半边短一截，结果是燕子窝的进度永远是一快一慢不平衡。

雄燕，好一个偷懒的家伙！它怎么不为此害羞呢！不是吗？它的力气可是比雌燕大呀。

6月28日。毛脚燕不再做窝了，它们开始把麦秸和羽毛往窝里拖——在布置新床哩。我没想到，它们的整个工程这么顺溜地完成了。我还以为，窝的一边建得慢，会拖了后腿呢！雌燕把窝造到了顶，而雄燕到头来还是没有达到要求，结果造起来的窝成了个右上角有缺口的、不完整的泥球。这个样子的窝正合用，因为呀，这个缺口正好成了它们出入的一扇门！要不毛脚燕怎么进屋呢？嘿，我骂雄燕，可冤枉它了。

今天是雌燕第一次留在窝里过夜。

6月30日，做窝的工程结束了，雌燕再也不出窝了——怕是已产下第一只蛋了。雄燕时不时带些蚊子什么的给雌燕吃，还一个劲儿地唱呀唱、嚷呀嚷——它这是在庆祝，自己心里乐着哩。

又飞来一个“使团”——整整一群毛脚燕，它们飞在空中，挨个往新家瞧了瞧，又在窝边抖动翅膀，说不定还亲了亲伸出窝外的幸福女房主的嘴哩。这帮毛脚燕叽叽喳喳叫唤了一阵后飞走了。

公猫费多谢伊奇时不时爬上房顶，往房檐下探头探脑，它是不是在等着窝里的小燕子出世呢？

7月13日。雌燕在窝里连续不断地趴了两个星期，只有在正午天最热的时候才飞出去——这个时候柔弱的蛋不怕受凉。它在房顶上空盘旋一阵，捕食苍蝇，然后飞向池塘，贴近水面，小嘴喝点儿水，喝够了，又回窝去。

今天，雌燕和雄燕开始经常双双从窝里进进出出。有一次我看见雄燕嘴里衔着一块白色的蛋壳，雌燕的嘴里是一只蚊子。如此说来，窝里已经孵出小燕子来了。

7月20日。可怕呀，多可怕！公猫费多谢伊奇爬上房顶，从屋檐上倒挂了下来，正用爪子掏燕窝呢。只听得窝里的小鸟可怜巴巴地叫唤个不停！

说话间，冷不丁不知从哪儿冒出整整一群燕子。它们叫着、嚷着，围着公猫扑棱着翅膀，几乎要碰到公猫的鼻子了。哎哟，猫爪子差点儿逮住一只燕子，哎哟……又扑过去抓另一只了……

太好了，灰色的强盗落空了，它从房顶上掉了下来——扑通！

摔倒没有摔死，可看来够它受的了，你看它喵喵地叫唤着，跛着三条腿，跑了。

活该！从此公猫再也不敢来惹毛脚燕了。

驻林地记者　维丽卡

苍头燕雀母子情深

我们家的院子里草木很茂盛。

我在院子里转悠，走呀走，突然脚下飞出一只刚出窝的苍头燕雀。这只头上长着一簇尖尖绒毛的小家伙飞起来，又落下。

我捉住它，拿回家去。爸爸建议我把它放在敞开的窗台上。

不出一个时辰，它的父母就飞过来给它喂食了。

小鸟在我家一待就是一整天。到了晚上我关了窗，把它放进笼子里。

第二天早上5点钟我就醒了，只见窗台上停着小鸟的母亲，嘴里衔着一只苍蝇。我跳起身来，赶忙去开窗，然后躲在房间角落里往外细看。

很快小鸟的母亲又露面了。它停在窗口，小鸟叽叽喳喳叫开了——它这是饿了要吃的呢。小鸟的母亲一

母爱是世界上最伟大的爱，这在动物身上也不例外。苍头燕雀冒着被抓的风险也要给自己的孩子喂食，这无私的爱真让人感动。

听叫唤，便鼓起勇气飞进了房间，跳到笼子跟前，隔着笼栅栏给小鸟喂食。

喂完了，又飞走找吃的去了。我从笼子里取出小鸟，带到院子里放生。

当我想再看看苍头燕雀时，在原地已找不到它了，它的母亲领着它飞走了。

沃洛佳·贝科夫

少年自然界研究者的梦

一位少年自然界研究者要在班里做报告，题目是《昆虫——森林和田野里的害虫，要与它们做斗争》。他正做着准备工作。

“为了用机械和化学的方法与甲虫做斗争，花去了1.37亿卢布，”这位少年自然界研究者读到了这样的文字，“……用手已捉了13 015 000只甲虫。如果把这些昆虫装在火车里，就需要813节车厢。”“在与昆虫做斗争的过程中，每公顷土地耗费20～25个人的劳动力。”

读了这样的叙述，这位少年自然界研究者只觉得头昏眼花。顿时那一串串数字像是一条条蛇，拖着由“零”构成的尾巴，在他眼前晃来闪去。他只好睡觉去。

噩梦折磨了他一整夜。黑森森的林子里，爬出多得没完没了的甲虫、幼虫和毛毛虫，争先恐后地爬过田野，把他团团围住，害得他喘不过气来。他用手掐，通过软管用药水杀，可害虫不见减少，反而一个劲儿地爬过来，它们经过的地方，无不变成了一片荒漠……少年自

然界研究者吓得醒了过来。

到了早晨，看来事情并不那么可怕。少年自然界研究者在自己的报告中提出建议，在爱鸟日那天，大家准备许多椋鸟屋、山雀窝、树洞形窝。鸣禽捉甲虫、幼虫和毛毛虫的本领比人要强得多，而且不用花钱。

农庄纪事

黑麦长得比人还要高，已开花了。黑麦田就像是座林子，里面的野公鸡——山鹑伴着雌鸟，身后随着小雏鸟，一家几口正在溜达。小雏鸟活像黄色的小球球，滚动着。它们刚从蛋壳里出来不久，已能出窝了。

正是割草的季节。庄员们有的用手工，有的用机器。机器在草场上作业，挥动着光溜溜的翅膀，身后留下多汁而芬芳的青草，高高地码成一排排、一列列，整整齐齐，仿佛是用直尺画出来的。

在菜园的一垄垄地里，堆着绿色的洋葱，孩子们正在搬运。

女孩子跟着男孩子一起到处采浆果。森林里这个月开始时，在阳光照到的小丘上，甜美的草莓已经成熟。现在是浆果最多的时候，在林子里，黑果越橘和覆盆子正在成熟，而在多苔藓的林间沼泽地上，有一包籽儿的云莓由白色变成了绿色，又由绿色变成了金黄。想采就采，爱采哪种就采哪种！

孩子们还想多采些，可家里还有很多活儿等着他们去干：挑水，给园子浇水，还得给菜地除草。

集体农庄新闻

H. M. 帕甫洛娃

牧草投诉

牧草投诉说，庄员欺负它们。牧草刚准备开花，可有些已开起花来了，白色羽毛状的柱头从穗子里探出脑袋来，纤细的花茎上挂满了沉甸甸的花粉。

突然开来了割草机，把所有的牧草，不分青红皂白，一律齐根割了下来。这下开不了花了！可人家还得不断长高呀！

驻林地记者对这件事进行了调查。现已查明，割下的草要晒成干草。因为要给牲口备足越冬的干草，所以不等草开完花就把它们全割下来，以准备充足的牧草，这种做法完全正确。

地上喷洒了神奇的水

杂草一遇到这种神奇的水，就没命了。对杂草来说，这种水是夺命水。

可是庄稼碰到神奇的水，照旧生机勃勃，活得快快乐乐。对它们来说，这种水是活命的水。这种水不但不会对庄稼造成损害，还帮助它们生长，消灭它们的敌人——杂草。

绵羊妈妈的不安

绵羊妈妈们变得非常不安，因为人把自己的羊宝宝给夺走了。可

羊宝宝都已经三四个月，已经长大了，总不能让它们一直围在妈妈身边转吧？这也说不过去呀。该是让它们学会独立地过生活了。此后，羊宝宝就独自去吃草了。

一位少年自然界研究者讲的故事

我们的农庄在一片小橡树林旁，过去很少有布谷鸟飞来，来了只叫一阵子就飞走了！如今不同了，夏天经常能听到“布谷——布谷”的叫声。恰好就在这个季节，农庄里的牲口被赶到这片林子里吃草。吃中饭的时候，一名放牧工跑过来，嚷嚷道：“牛发疯了！”

我们赶紧往橡树林跑。那儿简直闹翻天了！乱哄哄的太吓人了！母牛叫着到处跑，尾巴敲打自己的背脊，身子糊里糊涂往树上撞——不小心撞坏了脑袋，保不齐还要踩死我们呢！

赶紧把牛群赶往别处去。这到底是怎么回事？

罪魁祸首是一些毛毛虫，这些棕色、毛茸茸的虫，大得不得了，简直像是些小兽。满树满枝全是，有些树叶被啃得精光，只剩下光秃秃的树枝。毛毛虫身上脱下来的毛，风一吹，到处飞扬，迷了牛的眼睛，刺得好痛——吓死人了！

还好有布谷鸟在，有好多好多的布谷鸟，我这辈子还没见过这么多的布谷鸟！除了布谷鸟，还有金灿灿、带黑条纹的美丽黄莺和翅膀上有天蓝色条纹的樱桃红色的松鸦。周围的鸟全都聚集到我们的橡树林里来了。

真想不到，橡树挺过来了，不出一星期，毛毛虫全被灭了！真是好样的，是不是？要不我们的橡树林就完了。那该有多可怕！

尤拉

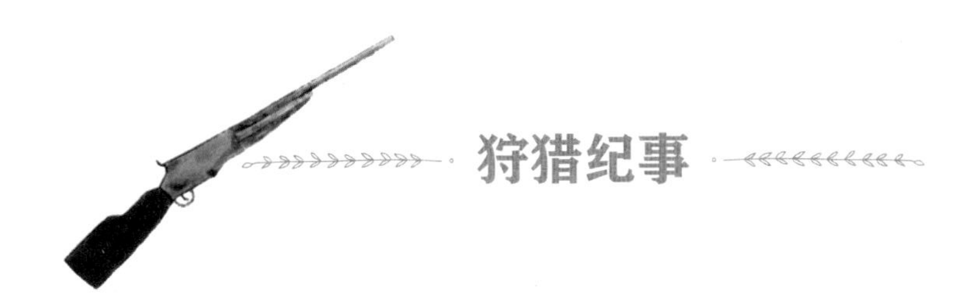

狩猎纪事

一件稀罕事儿

我们这儿发生了一件不寻常的事儿。

牧童从牧场上奔了过来，嚷嚷道："小母牛让野兽咬死了！"

庄员们一片惊呼，挤奶女工号啕大哭起来。

那可是我们最好的一头小母牛，展览会上还得过奖哩。

大伙儿放下手头的活儿，全跑到牧场上去看个究竟。

在草场——就是我们说的牧场——远处的角落里，林子边，躺着小母牛的尸体。它的乳房已被吃掉，后颈被撕碎，其他部位完好无缺。

"熊干的，"猎人谢尔盖说，"熊老这样，咬死后就丢下了，等肉腐烂发臭了再来吃。"

"错不了，"猎人安德烈表示赞同，"明摆着的事。"

"大家散了吧，"谢尔盖接着说，"我们会在树上搭个棚子。不是今晚，就是明晚，熊兴许会来。"

到了这时候，他们才想起了第三位猎人——塞索伊·塞索伊奇。他个儿小，混在人群里很不起眼。

"你不跟我俩一起去守夜吗？"谢尔盖和安德烈问。

塞索伊·塞索伊奇没吭声。他转身到了另一边，仔细察看起地面。

"不对，"他说，"不会有熊来。"

谢尔盖和安德烈耸了耸肩。

“随便你怎么想吧。”

庄员们散了，塞索伊·塞索伊奇也走了。

谢尔盖和安德烈砍下树条，在附近的松树上搭了个棚子。

他俩一看，塞索伊·塞索伊奇扛着枪和自己的猎犬佐尔卡回来了。

他又仔细地察看了小母牛四周的泥土，还莫名其妙地察看了附近的树木。然后，他进了林子。

谢尔盖和安德烈在棚子里守了一夜。

这一夜没有什么野兽来。

又守了一夜，熊还是没有来。

第三夜，熊仍旧没来。

两个猎人失去了耐心，相互说道：

“看来塞索伊·塞索伊奇摸到了咱俩没看出来的什么东西，明摆着的，熊没来。”

“问问去？”

“问熊？”

“干吗问熊？问塞索伊奇。”

“没处可问，只得去问他了。”

两个猎人去找塞索伊·塞索伊奇，对方刚从林子里回来。

塞索伊·塞索伊奇把一只大袋子往角落里一扔，径自擦起枪来。

“怎么回事？”谢尔盖和安德烈说，“你说得对，熊没来。这是怎么回事？行行好，说说吧。”

“你们啥时候听说过，”塞索伊·塞索伊奇问他俩，“熊吃掉母牛的乳房，反而把肉丢下？”

两位猎人彼此交换了眼色，可不是，熊是不干这种胡闹的事的。

“查看过地上的脚印没有？”塞索伊·塞索伊奇接着问。

“可不是，看了。脚印的间距宽宽的，有20多厘米。”

“那爪子大不大？”

这下可把两位猎人问住了，他俩好不尴尬。

“脚印上没见着爪印。”

“这就对了。要是熊的脚印，第一眼看到的就该是爪印。你们倒说说，什么野兽走起路来收起爪子？”

“狼！”谢尔盖脱口说道。

塞索伊·塞索伊奇哼了一声：

“瞧你们还是猎人呢！”

“得了吧，你，”安德烈说，“狼的脚印和狗的脚印差不多，只是稍大点儿，窄点儿。倒是猫——猫走起路来确实是把爪子收起来的，脚印圆圆的。”

“这就对了，”塞索伊·塞索伊奇说，“咬死小母牛的就是猫。”

“你这是在开玩笑吧？”

“不信，那就看看袋里装的是什么。”

谢尔盖和安德烈忙冲过去把袋子解开来一看，是一张有棕红色花斑的大猞猁皮。

这下闹明白到底是哪种动物要了我们小母牛的命了。要说塞索伊·塞索伊奇在林子里怎么遇到猞猁，又怎么打死它，那只有他自己和他的猎狗佐尔卡知道了。知道是知道，可就是不露一点儿口风，对谁也不说。

猞猁攻击小母牛的事一般很少见，可我们这儿确实发生了。

天南地北

无线电通报

请注意！请注意！

圣彼得堡广播电台——《森林报》编辑部。

今天是6月21日，夏至，是一年中白昼最长的一天。我们将举办一次全国各地的无线电通报。

我们呼叫冻土地带、沙漠、原始森林和草原地区、海洋和高山地区。

请告诉我们，现在——在夏天中，在一年中白昼最长、黑夜最短的日子里，你们那里的情况。

请收听！请收听！

北冰洋岛屿广播电台

你们问是什么样的黑夜？我们几乎忘记了什么是黑夜，什么叫黑暗。

现在，我们这里白天最长：整整24小时全是白昼。太阳时而升起，时而降落，可始终不会在海平面上消失。连续三个月差不多都这样。

阳光始终没有暗下去，地上青草生长的速度不是按日，而是按小时计算，就像在童话里那样，它们从地下钻出，长出绿叶，开出花朵。池沼里长满了苔藓。连原本光秃秃的岩石上也布满五颜六色的植物。

冻土带焕发出勃勃生机。

是的，我们这里没有美丽的蝴蝶和蜻蜓，没有机灵的蜥蜴，没有蛙和蛇。我们这里也没有冬天里钻进地下、在洞穴里睡过一冬的大小兽类。永久冻土带的泥土被封住了，即使在仲夏时节也只有表面的土层解冻。

乌云一般密集的蚊子在冻土带上空嗡嗡叫，但我们这里没有对付这些吸血鬼的歼击机——身手敏捷的蝙蝠。即使它们飞到这里来度夏，叫它们如何活得下去？因为它们只能在傍晚和黑夜才出来捕食蚊子，可我们这里整个夏季既没有黄昏，也没有黑夜。

我们这里，岛屿上的野兽不多，有的只是身体和老鼠一般大小的短尾巴啮齿动物兔尾鼠、雪兔、北极狐和驯鹿。偶尔能见到身高体胖的白熊从海里游到我们这里，在冻土上转悠一阵，寻找猎物。

不过说到鸟，我们这儿的鸟可真是多得数也数不清！虽说这里所有背阴的地方全是积雪，可早有大批鸟飞来了。其中就有角百灵、鹨、鹡鸰、雪鹀——所有会唱歌的鸟都结伴来了。更多的是海鸥、潜水鸟、鹬、野鸭、大雁、暴风鹱、海鸠、嘴形可笑的花魁鸟和其他稀奇古怪的鸟，这些鸟你们也许连听都没听说过。

到处是鸟鸣声、喧闹声和歌唱声。整个冻土带，甚至光秃秃的山崖上都布满了鸟巢。有些岩壁上成千上万的鸟巢紧紧挨在一起，岩石上只要有小凹坑的地方都成了鸟窝，哪怕只能容得下一个蛋也是好的。喧闹声使这里简直成了鸟类的集市了。要是有什么凶猛的杀手胆敢靠近，黑压压的鸟群会乌云般扑到它身上，叫声会震聋它的耳朵，鸟喙会将它啄死——鸟可不想让自己的子女遭殃。

你看，现在我们的冻土带多热闹！

你们也许会问："要是你们那里没有夜晚，那鸟兽什么时候休息和睡觉呢？"

它们几乎就不睡觉，没时间呀。打会儿盹，立马就忙乎起来：有的给孩子喂食，有的筑巢，有的孵蛋。要干的活儿太多了，没一个不忙忙碌碌、匆匆忙忙的，因为我们这里的夏天特别短暂。

睡觉的事放到冬天再说吧——到时候把全年的觉都补回来。

中亚沙漠广播电台

恰恰相反，我们这儿大家正在酣睡呢。

毒辣辣的阳光把绿色植物全烤干了。我们已记不得最近一场雨是什么时候下的，更怪的是，不是所有的植物都会旱死。

刺骆驼草本身只有半米来高，可它使出高招，把自己的根扎到灼热的地下五六米深的地方，吸取那里的水分。还有一些灌木和草类不长叶子，而生出绿色的细丝。这样呼吸时就可减少水分的散发。梭梭树是我们这沙漠里不高的树木，一点儿叶子也不长，只生细细的枝条。

风一刮，当空就笼罩着黑压压乌云似的滚滚沙尘，遮天蔽日。这时，突然间就会响起令人心惊肉跳的喧闹声和鸣叫声，仿佛有成千上万条蛇在发出咝咝声。

但这不是蛇在叫，而是狂风来时梭梭树的细枝相互抽打而发出的咝咝声和鸣叫声。

这时候，蛇都睡着了。红沙蛇深深地钻进沙里，也在睡。它可是黄鼠和跳鼠的冤家。

黄鼠和跳鼠也在睡。细脚黄鼠害怕阳光，用泥土堵住了洞口，只在大清早出来找吃的。它得跑多少路才找得到没有被晒干的小植物啊！黄色的跳鼠干脆钻到地下去，睡上一个长长的大觉：整整夏、秋、冬三季全在睡，到了开春才醒过来。一年中它只有三个月出来活动，其余的时间全在睡大觉。

蜘蛛、蝎子、多足纲的昆虫、蚂蚁都害怕炎炎烈日：有的躲进岩石下，有的藏在背阴的泥土里，只在黑夜出来。无论是身手敏捷的蜥蜴，还是行动迟缓的乌龟，都不见了踪影。

兽类都迁徙到沙漠的边缘地带，靠近水源的地方去了。鸟类早已把子女抚养长大，带着它们远走高飞了。迟迟不走的只有飞得快的沙鸡。沙鸡飞数百千米到最近的小河边，自己饮饱喝足了，再把嗉囊灌满水后，快速飞回窝里给雏儿喂水，这一场奔波，对它来说算不了什么。但是一旦小鸟学会了飞行，沙鸡也要飞离这可怕的地方。

不怕沙漠的只有我们苏联人民。我们以强有力的技术为武器，在条件具备的地方，开渠挖沟，从远处的高山上引水灌溉，让没有生命的沙漠变成绿色的田野和草地，开辟出花园和葡萄园。

但凡没有人的地方，风就会横行肆虐。风是人类的头号敌害。它搬动干燥的沙丘，掀起沙浪，赶着它们逼近村镇，掩埋屋舍。只有人才对它无所畏惧，人与水和植物联手，给风设下了严格的边界。在人工灌溉的地方，筑起了树林和草地的屏障，它们无数的根须深入沙中，让沙寸步难行。

不错，夏季的沙漠和冻土地带完全不同。阳光下，所有的动物都在睡觉。夜里，也只有在黑暗的夜里，一些被阳光折磨得奄奄一息的动物才敢怯生生地出来活动。

请收听！请收听！
乌苏里原始森林广播电台

我们这儿的森林令人称奇：既不像西伯利亚的原始森林，也有别于热带丛林。森林中生长的是松树、落叶松和云杉，此外，还有阔叶树，上面缠绕着的是枝条虬结、有刺的藤蔓和野葡萄藤。

我们这里的兽类动物有：驯鹿和印度羚羊，普通的棕熊和黑熊，还有兔子、猞猁和豹子，以及老虎、红狼和灰狼。

鸟类有：文静温和的灰色榛鸡和美丽多彩的雉鸡，灰色和白色的中国鹅、叫声嘎嘎的普通鸭和栖息在树上、五颜六色、美丽绝伦的鸳鸯，此外还有白头大喙的白鹮。

原始森林里白天闷热、昏暗，阳光穿不透茂密的树冠构成的稠密的绿色幕帐。

我们这里的夜晚是黑漆漆的，白天也是黑漆漆的。

我们这里所有的鸟类现在都在孵蛋或哺育幼鸟，所有野兽的幼崽已长大，正在学习觅食。

库班草原广播电台

机器和马拉收割机摆开宽广的队形，在我们辽阔而平坦的田野上行进——大丰收在望。一列列火车运载着白亚尔产的小麦，从我们这里运到莫斯科和圣彼得堡去。

雕、鸢和隼在收割一空的田野上空翱翔。

现在正是它们好好收拾窃取丰收果实的盗贼——野鼠、田鼠、黄鼠和仓鼠的大好时机，因为现在即使隔得很远，只要这些窃贼从洞穴里钻出来，就会被它们看得一清二楚，逮个正着。早在庄稼连着根还没有收割的时候，这些可恶的有害小动物吃掉了多少麦穗，想来都叫

人吃惊。

现在，它们收拾掉在地上的谷粒，运回去充实自己地下的仓储，供越冬之用。比起猛禽来，兽类也不甘落后。不是吗？狐狸正在收割过的庄稼地里捕捉鼠类。对我们最有益的数草原白鼬，它们正在毫不留情地消灭所有的啮齿类动物。

请收听！请收听！
海洋广播电台

我们伟大的祖国濒临三个无边无沿的大洋：西临大西洋，北依北冰洋，东面是太平洋。

我们坐轮船从圣彼得堡出发，经芬兰湾和波罗的海，就到了大西洋。在这里经常遇到外国的船只，有英国的、丹麦的、瑞典的、挪威的，有商船，也有客轮和渔船。人们在这里捕捞鲱鱼和鳕鱼。

出了大西洋我们就来到北冰洋。我们沿欧洲和部分亚洲的海岸走上了伟大的北方航线。这是我们的海洋，也是我们的航线。这条航线是我们俄罗斯勇敢的海员开辟出来的。过去它被看作是不可通行的，处处是坚冰，充满了死亡的危险。现在我们的船长引领着一支支船队，在强大的破冰船的引导下，在这条航线上航行。

在这片荒无人烟的地方我们见到了许多奇迹。起初漂流而来的是墨西哥湾暖流，我们遇到了移动的冰山，在阳光下特别耀眼，让人睁不开眼睛。我们在这里捕捞海星和鲨鱼。

此后这股暖流折向北方，向北极流去，于是我们开始遇到一片片巨大的冰原在水面上静静地移动，裂开来又合拢。我们的飞机进行了侦察，给船只通报哪里的冰块之间可以通行。

在北冰洋的岛屿上，我们见到了成千上万只正在换毛的鸿雁。它们处于彻底无助的境地。它们翅膀上的羽毛开始脱落，所以不能飞行。

人们走着就能把它们赶进用网围起来的栅栏里。我们见到了长着獠牙的体形庞大的海象，它们正爬上浮冰休息。还见到各种奇异的海豹，如冠海豹。冠海豹突然在头上鼓起一个皮袋子，仿佛戴上了一顶头盔。我们也见到了满口尖牙、可怕的虎鲸。虎鲸猎食鲸鱼和它的幼崽。

不过，有关鲸鱼的故事留待以后再说——因为当我们进入太平洋的时候，那里的鲸鱼很多很多。再见！

我们夏季的“天南地北”无线电通报到此结束

我们下次广播时间是9月22日

公　告

请爱护朋友！

我们的孩子常常去捣毁鸟窝——完全是无缘无故，纯粹是调皮捣蛋。他们就不想想，这会给国家造成多大的损害。科学家测算过，每只鸟，哪怕是最小的鸟，每个夏天给农业和林业带来的益处约合25卢布。知道吗，每只鸟巢内就有4～24只鸟蛋或雏鸟。算算吧，毁了一个鸟窝，给国家造成多大的损失？

孩子们！组织起保护鸟巢的小队，不让任何人破坏鸟巢。不要让猫进入灌木丛和林子，来了就赶走它们，因为猫会捕捉鸟，破坏鸟巢。告诉所有的人，为什么要爱护鸟类。因为它们出色地保护我们的森林、田野和花园，它们保证我们的庄稼不受无数难以捕捉的可怕敌害——昆虫的侵害。

* * * *

No.5

（夏季第二月）

7月21日至8月20日太阳进入狮子宫

МЕСЯЦ ПТЕНЦОВ

* * * * * * * * *

育　雏　月

7月——正是盛夏时节，它不知疲倦地装扮着大地上的一切。它命令黑麦低头对土地鞠躬致敬。燕麦已长袍加身，而荞麦连衬衫都没穿。

绿色植物用阳光塑造自己的身躯。成熟的黑麦和小麦像金灿灿的海洋，我们把它们储藏起来，够一年食用。我们为牲畜储备好草料。你看，无边的青草已被割倒，堆起了小山似的草垛。

鸟变得沉默寡言，它们已顾不上歌唱了。各个鸟窝里已有雏鸟出没。它们出生时赤条条的，眼睛还没有睁开，长时间需要父母照顾。但是大地、水域、森林，甚至空中，到处有小鸟的食物——喂饱它们绰绰有余。

森林里，处处都是小巧玲珑而汁水饱满的果子：草莓、黑莓、越橘和茶藨子。在北方，生长着金黄色的桑悬钩子，南方的花园里有樱桃、草莓和甜樱桃。草场脱下金色的裙子，换上洋甘菊的花衣裳——白色的花瓣好反射掉灼热的阳光，因为现在这个季节可不能小觑生命的创造者——太阳的威力。她的爱抚反而会把受抚者灼伤。

林间纪事

浆果

各种各样的浆果成熟了。大家忙着采集园子里的马林果、红的和黑的茶藨子，还有醋栗。

林子里也能找到马林果。它以灌木丛的形式生长。从这样的灌木丛中穿过去，免不了折断它脆弱的茎条，脚底下跟着响起噼里啪啦的声音。但这不会给马林果造成损伤，现在挂着果子的这些枝条，只能活到冬季之前。很快就会有新枝接替枯枝。

瞧，那么多的嫩枝从地下根生长出来。枝条毛茸茸的，缀满了花蕾，到了来年夏季，就该轮到它们开花结果了。

在灌木丛和草丘上，在树桩边的采伐地残址上，越橘快要成熟了，浆果的一侧已经变红了。这些浆果一簇簇的，就长在越橘枝条的顶端。有的树丛上大簇大簇的果子，密密麻麻，沉甸甸的，压弯了树枝，都碰到地面的苔藓了。

我多想挖来一棵这样的树丛，移栽到自己的家里，用心培育，这样结出的果子是不是更大一些呢？但是目前还没有“失去自由”的越橘栽种成功的例子。越橘可是种有意思的浆果植物。它的果子能保存一冬仍可食用，只要给它浇上凉开水，或捣碎做成果汁就好了。

为什么这种浆果不会腐烂呢？因为它自身已经过防腐处理了。它含有苯甲酸，苯甲酸有防腐作用。

H. M. 帕甫洛娃

猫奶大的动物

我们家的猫春天产下了几只小猫，但都被人抱走了。恰好这天我们在林子里捉到一只小兔子。

我们把小兔子带回家，放到猫的身边。这只猫奶水很足，所以它很乐意给小兔子喂奶。

就这样，小兔子吸猫奶长大了。

猫和兔子友好相处，连睡觉都在一起。

最可笑的是，猫教会它收养的兔子如何跟狗打架。只要狗一跑进我们家院子，猫就扑过去，怒气冲冲地用爪子抓它。兔子也跟在后面跑过来，用前爪擂鼓似的敲它，打得狗毛一簇簇满天飞。四周所有的狗都怕我们家的猫和它喂养大的兔子。

小小转头鸟的诡计

我们家的猫看见树上有一个洞，心想那准是个鸟窝。它想吃鸟，便爬上树，把脑袋伸进树洞，看见洞底有几条小蝰蛇在蠕动，扭来扭去，还发出咝咝声呢！猫吓坏了，从树上跳下来，逃之夭夭！

其实树洞里根本没有蛇，只有几只转头鸟的幼雏。这是它们为保护自己免受敌害而变的一套戏法。你看它们的脑袋转过来转过去，脖子扭过来又扭过去，像极了蛇的脖子。与此同时，还像蛇那样发出咝咝声。谁见了这架势都害怕。小小的转头鸟就是用模仿毒蛇的方法吓唬敌害的。

别具一格的果实

老鹳草是一种杂草，却能结出别具一格的果实。它长在园子里，其貌不扬，表面毛糙，开的花像马林果的花，很一般。

这时节它的一部分花已经凋谢。在每个花萼上突出一个“鹤嘴”。每个“鹤嘴”就是五颗尾部连在一起的果实，但很容易就能把它们分开。好别具一格的果实，尖尖的头，满身刺毛，长着小尾巴。长在末端的小尾巴呈镰刀形，下面卷成螺旋状。这个螺旋遇潮就会变直。

我把一颗果实放在掌心里，对它呵了口气，它就旋转起来，弄得手痒痒的。的确，它不再是螺旋状，而是变直了。但是在掌心里放了一会儿后，它又卷了起来。

这种植物为什么玩这套戏法呢？原因是果实在落下时会扎进土里，可是它的小尾巴用镰刀形的末端勾在小草上。在潮湿的天气里，螺旋变直，尖头的果实就扎进土里了。

果实再也不可能从土里出来了，因为刺毛上翘着，顶住上面的泥土，堵住了出路。

老鹳草就这样自己把种子播到地里，这一招真叫巧妙！

若问它的尾巴有多灵，一个事实就能说明：过去它就被用作水文测量仪来测量空气湿度。人们将果实固定住，小尾巴当作指针，根据小尾巴的移动状况就可看出空气的湿度了。

H. M. 帕甫洛娃

摘自少年自然界研究者的日记

夏末的铃兰

8月5日。我家园子旁的小溪对面长着铃兰。在所有的花卉中，我最喜欢的就是这种花。铃兰通常5月开花，大科学家林耐给它取的拉丁文名字叫谷地百合。我喜欢它，是因为它朴实无华，铃铛似的花朵白得像晶莹剔透的瓷器，碧绿的花茎柔韧如丝，长长的叶子凉爽滋润；我喜欢，是因为它的花香袭人，整朵花又是那么清透纯洁，朝气勃勃。

春天，我大清早就起来，涉水过溪，去采摘铃兰花，每天都会带回一束鲜花，插在水中，于是一整天我的小木屋里都芬芳四溢。在我们圣彼得堡郊外，铃兰是6月开花。

现在已是夏末，心爱的花又给我带来了新的喜悦。

偶然间，我在它尖头的大叶下发现一种红红的东西。我跪下来展开它的叶子，看到叶面下有些坚硬而带椭圆形的橙红色小果实。它像花一样漂亮，我禁不住想用这些小果实穿成耳环，送给我所有的女友。

驻林地记者　维丽卡

天蓝的和碧绿的

8月20日。今天我起了个大早，望了望窗外，不禁失声叫了起来——草色竟是这等蔚蓝！野草被露水压弯了腰，晶莹闪烁。

如果把白色和绿色的颜料掺和起来，得到的是天蓝色。[①]正是点缀在碧草上的露水，使它呈现出天蓝的颜色。

几条绿色的小径穿过蓝色的草地，从灌木丛通向小板棚。这时，

① 蓝色作为三原色之一，实际上无法混合而成。

一群灰色的山鹑趁大家睡觉的时候，跑来吃村里的谷物。因为板棚里有一袋袋粮食。瞧，它们就在打谷场上——蓝色的母鸟，胸口有一道咖啡色半圆形的花纹。它们的嘴不停地啄着，发出连续不断的笃笃声。趁大家还在睡觉，赶紧吃呀。

更远处，在林子的边缘，还未收割的燕麦地里，也是一片蔚蓝。那里有一名猎人，手拿着枪，在走来走去。我知道，他这是在守候黑琴鸡的雏鸟，它们在妈妈的带领下离开林子，到田里来吃个饱。有它们出没的地方也呈现出一片绿色，因为它们来来去去时把露水抖落了。猎人没有开枪，显而易见，因为黑琴鸡妈妈带着一窝儿女及时撤离回林子里了。

驻林地记者　维丽卡

请爱护森林

要是干燥的森林遭到闪电袭击，那就要遭殃了。要是有人在森林里扔下一根没有熄灭的火柴，或没有踩灭篝火，那也就闯下大祸了。

正旺的火苗，像条细细的蛇，从篝火里爬出来，钻进了苔藓和干枯的树叶中。突然火苗又从那里蹿出来，火舌舔到了灌木丛，再向一堆干枯的树枝奔去……

森林能改善生态环境，保护生物的多样性。它的价值是不可估量的。请一定要爱护我们共同的绿色家园！

要立刻采取措施：这可是林火！火小、势弱的时候，你自己也许可以处置。那就快折下一些鲜树枝，扑打小火，使劲扑打，别让它变大，别让火势蔓延到别处！呼唤别人前来帮助。

如果身边有铁锹，哪怕有根结实的棍子，就用这些工具挖土，用泥土和草皮来灭火。

如果火苗已从地上蔓延到了树上，那就已经蔓延成一场真正的大火，也可以说是高空大火了。赶紧跑去叫人来扑救吧！赶紧发出警报吧！

农庄纪事

收割庄稼的季节到了。我们农庄的黑麦和小麦地一望无际，恰如无边无涯的大海。高高的麦穗又饱满又壮实，里面麦粒多得喜人。庄员们付出的劳动结出了硕果。很快，金色的谷物源源不断地流入国家和农庄的粮仓之中。

亚麻也已成熟。庄员们都去收割亚麻了。这件农活儿是由机器来完成的，拔亚麻用的是拔麻机。

用机器可快多了！女庄员跟在拔麻机的后面，把倒下的亚麻捆起来，把捆好的亚麻一排排放好，再堆成垛，每垛10捆。很快，整个田野里满是亚麻垛，恰如一列列兵阵。

公山鹑和母山鹑一起，只好领着自己所有的子女从秋播黑麦地里转移到春播作物地里。开始收割黑麦了。在收割机的钢牙铁齿下，一束束饱满壮实的麦穗倒伏在地。男庄员把它们扎起来，堆成垛。麦垛堆在田地上，恰像列队接受检阅的运动员。

菜地里的胡萝卜、甜菜和其他蔬菜也成熟了。庄员们把它们运到火车站，再由火车运送到城里去——这些日子，城市居民人人都能吃上新鲜可口的黄瓜，甜菜做的红菜汤和胡萝卜馅儿饼。

农庄里的孩子们去林子里采蘑菇、成熟的马林果和越橘。凡是有榛子林的地方，就少不了采榛果的孩子们。他们采呀摘呀，直采得口袋装得满满的，才恋恋不舍地离开。

但是大人们顾不上去采坚果，庄稼需要收割，亚麻得在打谷场上敲打，耕过的土地还得用机器耙上一遍，因为很快就要播种越冬作物了。

森林的朋友

在卫国战争期间，我国的许多森林被毁了。林业部门正千方百计地恢复森林。我们的中学生便是这方面的帮手。

为了栽种新的松林，需要数百千克的松果。孩子们在三年之内就采集到了七吨半的松果。他们帮助整理好土地，照料种下的树苗，护林防火。

驻林地记者　亚历山大·察廖夫

集体农庄新闻

H. M. 帕甫洛娃

“红星”农庄寄来了稿件。他们在报告中说：“我们这里一切进行得都很顺利。庄稼成熟了，很快就要把它们割倒在地。你们再也不用为我们操心了，甚至用不着看望我们了。缺了你们，我们也对付得了。”

庄员们听了大笑起来。

“好像不是这码事！能不看望田地吗？马上就有大堆的活儿要干了！”

拖拉机和联合收割机开到了地里。联合收割机可是多面手：收割、脱粒、簸扬，哪样都能干。联合收割机开到田里的时候，黑麦长得比人高。从田里开走的时候，田里只剩下低矮的残株了。联合收割机交给庄员们的是干干净净的谷物。庄员们把它们晒干、装进麻袋里，运去交给国家。

变黄了的田地

我们的一位记者到“红旗”农庄去采访。他注意到，这个农庄里有两块土豆地，其中一块大一些，深绿色；另一块很小，变黄了。小田地里的土豆茎叶枯黄，好像要死了。

我们的记者决定去查查，到底是怎么回事。他把结果给我们做了如下报道：

昨天变黄的地里来了一只公鸡，刨松了地里的土，招来几只母鸡，用新鲜的土豆款待它们。一位路过的女庄员见了这情景，笑着对同伴说：“你瞧瞧！彼佳倒是抢先来挖咱们早熟的土豆了。看来它知道，咱们要到明儿才来挖呢。”

从这一段话可以知道，变黄的土豆——早土豆，已经成熟了，所以茎叶才变黄。而在暗绿色的大田地里种的是晚熟的土豆。

林中简讯

农庄林子里长出了第一株白蘑。这株白蘑好不壮实，好不肥硕！

白蘑菌盖上有个浅坑，周围挂着湿漉漉的穗子，上面粘了许多松针。白蘑四周的泥土是拱起来的。只要挖开这里的土，就能找到许许多多、大大小小的卷边乳菇！

狩猎纪事

在幼鸟还没有长大，没有完全学会飞行的时候，怎么可以狩猎呢？别打幼鸟。这个时节，法律禁止捕猎鸟兽。

但是夏季里，允许捕猎专吃林中幼小动物的猛禽，也允许捕猎危险和有害的动物。

黑夜惊魂声

夏夜里，外出时，常听到林中传来咕咕声和哈哈大笑声，听了不由令人心惊肉跳，背上直起鸡皮疙瘩。

要不就是在阁楼里或屋顶上，黑暗中响起不明物体嘶哑的声音，似乎唤你跟着去：

“来——吧！来——吧！上墓地去！”

紧接着，在黑漆漆的半空亮起两个绿莹莹的光点——两只邪恶歹毒的眼睛，一个无声无息的影子从眼前一闪而过，险些触到脸上。这时候怎不叫人胆战心惊？

由于恐惧，人们才不喜欢鸮和猫头鹰。刚才就是夜里猫头鹰在林子里发出的尖厉笑声，纵纹腹小鸮则发出不祥而险恶的唤声：

“来——吧！来——吧！”

甚至在大白天，它们会从暗黑的树洞里突然伸出一只长着黄晃晃大眼睛的脑袋，钩状的喙大声啄着，也会把人吓一大跳。

如果夜里家禽中突然骚乱起来，鸡呀、鸭呀、鹅呀，在窝里叫个不停，发出咯咯、嘎嘎、呷呷的声音，到了早晨，主人点数时发现家禽少了，免不了要怪罪猫头鹰和鸮了，认为是它们在作怪。

光天化日下的打劫

庄员们不但在夜里，而且在光天化日之下也被猛禽搅得吃尽了苦头。

抱蛋的母鸡一不留神，小鸡就被老鹰叼了去。

公鸡刚上篱笆，鹞鹰嚓的一声一下子就把它抓住了！鸽子一从屋顶上飞起，隼就从天而降，冲进鸽群，一爪子下去，立即就鸽毛飞扬。隼抓住被害死的鸽子，顿时消失得无影无踪。

所以要是猛禽被庄员们撞见了，他们一气之下，便不分青红皂白，对凡是长钩子嘴、长爪子的鸟格杀勿论。他们说干就干，把周围的猛禽消灭得一干二净，但很快就后悔不迭：地里的田鼠不知不觉地大量繁殖起来。黄鼠会把整片庄稼吃光，野兔也不放过所有的白菜。

这下子，不懂算账的庄员们在经济上的损失就大了。

谁是敌，谁是友

为了避免这种事再发生，首先就要学会分清猛禽中哪些是有害的，哪些是有益的。有害的猛禽袭击野鸟和家禽；有益的是另一些，它们消灭田鼠、黄鼠和其他使我们蒙受损失的啮齿动物，以及螽斯、蝗虫等有害昆虫。

就拿猫头鹰和鸮来说吧，不管样子多可怕，它们几乎都是益鸟。有害的只是猫头鹰中个头儿最大的那些——长着两个大耳朵、体形巨大的雕鸮和体大头圆的林鸮。不过，这两种鸮也捕食啮齿类动物。

常见的猛禽中，数鹞鹰最有害。鹞鹰分两类：个头儿大的苍鹰和个头儿小的（较瘦小，比鸽子略大）鹞鹰。

鹞鹰和别的猛禽很容易区分。鹞鹰呈灰色，胸脯上有波浪形花纹，头小额低，淡黄的眼睛，翅圆尾长。

鹞鹰身强力壮，极其凶猛，能杀死个头儿比自己大的猎物，即使在吃饱的时候也会不假思索地残害其他鸟类。

老鹰的力气不如鹞鹰，根据末端开叉的尾巴就可轻而易举地区分哪个是老鹰，哪个是别的猛禽。老鹰不敢贸然攻击大型野禽，只是四处张望，看哪里能叼走一只笨头笨脑的小鸡或小鸭，哪里能找到动物的死尸。

大型的隼也是害鸟。

隼长着镰刀形的尖翅膀，它是鸟类中飞得最快的，往往捕杀飞行中的猎物，以避免捕杀落空时自己胸脯着地而撞死的危险。

最好不要捕杀小型的隼，因为有多种小型的隼是有益于我们的。

比如说红隼，也就是俗称的“抖翅鸟”。

经常在田野上空见到棕红色的红隼。它悬在空中，仿佛有一根线把它挂在云上，同时抖动翅膀（因此被称作“抖翅鸟”），因为这样才看得清草丛中的老鼠、螽斯和蝗虫。

雕的害处大于益处。

捕猎猛禽

有害的猛禽允许全年捕杀。捕杀的方法多种多样。

窝边捕猎

窝边捕猎是最简便的捕猎方法，但也很危险。

大型猛禽为保护自己的幼雏，会叫嚷着直接向捕猎者扑过来。这时候只好近距离射击，动作要快，当机立断，否则眼睛会被啄瞎。但是，鸟巢不容易找到。雕、鹞鹰、隼把自己的窝设在无法攀登的山崖上，或莽莽林海的高树上。雕鸮和巨大的林鸮把巢筑在山崖上，或茂密的原始森林的地面上。

潜猎

雕和鹞鹰常停在干草垛、白柳或孤零零的枯树上，窥视猎物。这时候只能用远程步枪，小子弹射击。

黑夜里

在夜里猎杀猛禽最有意思。雕和其他猛禽在哪儿过夜是不难被发现的，比方说，雕就在没有山崖的地方，通常在孤立的大树梢睡觉。

猎人选择一个较黑的夜晚，找到那样一棵大树。

这时候雕在熟睡，猎人就能摸到树下而不被发觉。猎人出其不意，点起随身带来的、事先点亮而遮盖起来的灯（电筒或电石灯），把一束强光射到雕的脸上。雕被这突如其来的光惊醒，但睁不开眼睛，只能眯着。它什么也看不见，不知是怎么回事，呆呆地停在那儿。

树下的猎人却看得一清二楚，瞄准之后，开枪便是。

公　告

请帮帮无家可归的小动物

本月是育雏月。我们常常会见到坠落窝外或失去母亲的幼鸟。它趴在地上，或无可奈何地把头往灌木丛和草丛里钻，想躲开你这可怕的、两条腿的庞然大物。可它的小腿虚弱无力，还不能飞，又不知道往哪儿躲好。你当然会抓住它，把它捧在手心里，仔细打量起来，心里猜想："你是什么鸟，小家伙？属什么品种？你的妈妈在哪儿？"

可它只是叽叽叫个不停——叫得好响，好凄惨！一听就知道，它这是在呼唤妈妈。你也想让它回到妈妈身边，可问题是，它们是什么鸟呢？

你禁不住张开嘴，犯难了：怎么办呢？你还是闭上嘴，睁大眼睛吧。不错，要弄清它是什么鸟可不是件简单的事。你看这些小不点儿，一点儿也不像自己的爸妈。再说，鸟爸爸和鸟妈妈彼此长得就不像。不过，你不是有一双火眼金睛吗？仔细看看，小雏鸟长着什么样的脚和什么样的喙，再在成年的鸟身上找相似的脚和喙——雌的和雄的都可以。它父母的羽毛可能不一样，不过雏鸟身上压根儿就没毛，要么长着的是绒毛，要么干脆赤条条。但是，可以凭着喙和脚认出它的父母来。这样，你就能把无家可归的小鸟还给它的父母了。

No.6

(夏季第三月)

8月21日至9月20日太阳进入室女宫

МЕСЯЦ

СТАЙ

成　群　月

一年——分十二个月谱写的太阳诗章

8月——闪光之月。夜里，一束束稍纵即逝的闪光无声无息地照亮了森林。

草地做了夏季最后一次换装。现在草地上五彩缤纷，花朵的颜色越来越深——淡蓝色的，淡紫色的。阳光渐渐变得虚弱无力，草地该把这些弥留的阳光储藏起来了。

蔬菜、水果一类的大型果实开始成熟。晚熟的浆果

也快要成熟了，它们是马林果、越橘；池沼上的蔓越橘、树上的花楸果也快要熟透了。

一些蘑菇长出来了，它们不喜欢灼热的阳光，藏在阴凉处躲避阳光，活像一个个小老头儿。

树木不再增高、变粗了。

林间纪事

捉强盗

黄色的柳莺成群结队满林子迁徙，从这株树搬到那株树，从这个灌木丛移到那个灌木丛。一株树一株树，一丛灌木一丛灌木，它们一处没有上上下下爬遍搜尽，就绝不罢休。树叶下、树皮上、小洞中，哪里有蠕虫、甲虫、蛾子，它们全都啄了吃，要不就拖走。

“啾咿奇！啾咿奇！”一只鸟警惕地叫唤起来。大伙全都警觉起来，只见一只凶猛的白鼬在树根间偷偷摸摸地过来，时而黑黝黝的脊背一闪而过，时而隐没在枯枝间。它那细细的身子像蛇，蜿蜒而来，凶狠的眼睛像火光，在阴影里闪烁。

四面八方响起了“啾咿奇！啾咿奇！”的叫声，整群鸟离开了那棵树。

大白天还好，只要一只鸟发现来敌，大家就得救了。可一到夜里，鸟都蜷缩在树枝间，睡了。可敌人不会睡觉。

猫头鹰悄无声息地扇动柔软的翅膀，飞到跟前，一发现目标就嚓的一下！睡梦中的小鸟吓得晕头转向，四散逃生，可还有两三只落入强盗的钢牙铁嘴之中，拼死挣扎。夜晚真是糟糕透了！

鸟群一棵棵树、一丛丛灌木迁徙过去，继续向森林深处跋涉。轻盈的小鸟飞过绿树碧草，深入最为隐秘的角落里去。

密林中央有一个粗树桩，上面长着一个形状丑陋的树菇。

一只柳莺飞得离它很近很近，看看这里有没有蜗牛。

突然树菇的灰色眼皮慢慢睁开，下面露出两只凶光毕露的圆溜溜的眼睛。

到了这时，柳莺才看清那张猫一样的圆脸和脸上凶猛的钩嘴。

柳莺吓得退到了一边。鸟群慌作一团，发出"啾咿奇！啾咿奇！"的叫声，但没有谁飞走。大家都勇敢地把树桩团团围住了。

"猫头鹰！猫头鹰！猫头鹰！请求援助！请求援助！"

猫头鹰只是怒气冲冲地吧嗒着钩嘴："找上我啦！连个安稳觉也不让人睡！"

就在这时，小鸟听到柳莺的警报，从四面八方飞了过来。

捉强盗！

小巧的黄头戴菊鸟从高高的云杉上冲下来，活跃的山雀从树丛里跳出来，勇敢地加入冲锋的队伍中。它们就在猫头鹰的鼻子底下飞来飞去，翻身腾挪，嘲弄它："来呀，碰吧，抓吧！追过来呀！你这卑鄙的夜行大盗，敢在白天动手吗？"

猫头鹰只有把钩嘴扣得笃笃响，眨巴着眼睛：大白天它能有什么作为？

小鸟聚得越来越多。柳莺和山雀的叫声、喧哗声引来了整整一群勇敢而强大的森林乌鸦——松鸦。

猫头鹰吓坏了，翅膀一展，逃之夭夭。趁现在毫发无损，逃命要紧，要不准会被这一群鸟活活啄死。

一群群鸟紧追不舍。追呀追，直把强盗逐出这片森林才收兵。

这天夜里，柳莺总算能睡上一个安稳觉了。受到这一顿教训后，猫头鹰久久不敢回到老地方来了。

一群小鸟聚集在一起，吓跑了比它们凶猛数倍的猫头鹰。一个人的力量可能很小，但集体的力量是无穷的。

草莓

林地边缘，草莓正红。鸟常常找到红艳艳的草莓，叼走吃了，这样就把草莓的种子撒到了远方。但也有部分草莓的后代留在母亲身边，一起成长。

瞧，这株灌木丛旁边长出了一条条蔓生的细茎——蔓枝。蔓枝的顶上派生出小小的幼株，莲花形的一丛簇叶和根芽。此外，在同一根蔓枝上已长出三簇叶子。第一簇叶子已经壮实了，而第三簇——长在梢上那根——发育还没有完全。蔓枝从母株向四面八方蔓延。要找母株和派生株应当到草类稀少的地方去。比如这一株吧，母株在中央，它的四周围着一圈圈派生株，共有三圈，每圈平均有五株。

就这样，草莓一圈紧挨一圈地生长，不断拓展自己的地盘。

H. M. 帕甫洛娃

一吓就死的熊

一天晚上，猎人从林子里回村子的时候已经很迟了。他到了燕麦地边，一看，燕麦地里有个黑乎乎的东西在打滚儿，那是什么呀？莫非是牲口进了不该进的地方？

他仔细一瞧，天哪，燕麦地里有头熊！它趴着，两只前爪搂着一捆麦穗，塞在身下，吸着燕麦的汁水。只见它懒洋洋地趴在地上，心满意足地发出哼哧哼哧声，看来燕麦的汁水还挺合它的胃口哩。

不巧的是猎人子弹用光了，只剩下一颗小霰弹，那只适合打鸟。不过，他是个有胆量的小伙子。

“唉，管它呢，”他心想，“好歹先朝天开上一枪再说。总不能眼看着熊瞎子糟蹋庄员的庄稼不管。要是没伤着它，它是不会伤人的。”

他托起了枪，在熊的耳朵上方砰地开了一枪！

熊瞎子被这突如其来的枪声吓得跳了起来。地边有堆枯树枝，它从这堆枯树枝上，像只鸟一样快速蹿了过去。

熊瞎子摔了个倒栽葱，爬起来，头也不回，往林子里跑去。

猎人见熊瞎子胆子这么小，笑了笑，回家了。

第二天早晨，他心想：“我这就瞧瞧去，地里的燕麦到底给祸害了多少。”他到了原地方，看到昨晚熊居然被吓得屁滚尿流，大便失禁，从地头到林子，一路上都留下了它的粪便。

猎人循着粪迹找过去，发现熊倒在那儿，死了。

这么说，熊是被出其不意的枪声吓死的。熊还算是森林里力气最大、最可怕的动物呢！

雪花飘飘

昨天，我们湖上刮起了暴风雪。轻盈的白花花的雪花在空中飞舞，纷纷落在湖面上。落下又升起来，转着转着，又从高空向下落。天空晴朗，烈日当头。灼热的空气在灼热的阳光下流动，没有一丝风，可是湖面上雪花飘飘。

今天早晨，整个湖面和湖岸撒满了干枯而了无生机的雪花。

这雪可怪了，在毒辣辣的阳光下竟不融化，在日光下也不闪光。雪花暖洋洋的，而且很脆。

我们便去看个究竟。到了岸边，一看才知道那不是雪，而是成千上万长翅膀的昆虫——蜉蝣。

昨天，它们从湖里飞出。整整三年，它们都生活在黑暗深处，那时它们都是些模样丑陋的幼虫，在湖底的淤泥中蠕动。

它们吃的是淤泥和腐烂发臭的水藻，从来见不到阳光。

它们就这样生活了三年。

昨天它们爬到湖岸上，蜕下讨人厌的外皮，展开轻盈的小翅膀，伸出尾巴——三根长长的细线，飞到了空中。

只有一天供它们在空中享受生命，尽情舞蹈，所以它们就被称为“一日飞蛾”。

这整整的一天里，它们都在阳光下翩翩起舞，在空中翻飞、盘旋，看起来就像是飘扬的雪花。雌蛾落到水面上，把细小的卵产在水中。

太阳下山，黑夜降临时，成千上万个蜉蝣的尸体便散落在湖岸和水面上。

幼虫从蜉蝣的卵里爬出，在混浊的湖底深处度过一千多个日日夜夜，才变成长翅膀的快乐蜉蝣，然后飞到湖面上空享受一天的光明。

白野鸭

湖中央落下一群野鸭。

我在湖岸上观察它们，惊奇地发现，在一群夏季毛色全是纯灰的雌、雄野鸭中，居然有一只羽毛颜色很浅，它一直待在鸭群中央，十分显眼。

我拿起望远镜，对它做了全面仔细地观察。它从喙到尾巴，浑身都是浅黄色的。当清晨明亮的太阳从乌云中出来时，这只野鸭突然变得雪白雪白，白得耀眼，在一群深灰色的同类中显得非常突出。不过在其他方面，它并无与众不同之处。

在我50年的狩猎生涯中，从来没有亲眼见过这种得了白化病的野鸭。患这种病的动物血液里的血素不足。它们一出生毛色就是白的，或只是很浅的颜色，这种状况要持续一生。所以它们就缺了保护色，而保护色在自然界对动物来说生死攸关，有了保护色在生活的环境中就不容易被天敌发现。

我当然很想把这只极罕见的鸟弄到手，看看它是如何逃过猛禽的利爪的。不过，此时此刻是绝对办不到的。因为这时候一群野鸭都停歇在湖中央，为的是不让人靠近枪杀它们。这场面搅得我好不心焦，没法子，只有等待机会，看什么时候白野鸭能游到近岸，离我近些。

想不到这样的机会很快就来了。

正当我沿着窄窄的湖湾走时，突然从草丛中蹿出几只野鸭，其中就有这只白鸭子。我端起家伙就是一枪。不料在我要开枪的刹那，一只灰鸭子过来挡在白鸭子的前面，灰鸭子中弹倒了下去，白鸭子跟着其他几只鸭子逃走了。

这是偶然的吗？当然不是偶然的！那个夏天，我在湖中央和水湾里见过好几次这只白鸭子，但每次都有几只鸭子陪着它，好像在护卫着它。自然，猎人的霰弹每每都打在普通的灰鸭子身上，而白鸭子在它们的保护下安然无恙地飞走了。

我最终没有把白鸭子弄到手。

这件事发生在皮洛斯湖上——就在诺夫哥罗德州和特维尔州的交界处。

维·比安基

农庄纪事

我们这里农庄的庄稼快要收割完了。现在，正是田间工作最繁忙的时节。首先，要把最好的粮食献给国家。每个农庄将把自己的劳动果实献给国家作为头等大事来办。

庄员已收割完黑麦，接着收割小麦；收割完小麦，就要收割大麦；收割完大麦，就要收割燕麦；收割完了燕麦，就要收割荞麦。

装着粮食——农庄的新收成——的大车源源不断地从各个农庄向火车站驶去。

拖拉机仍在田野间忙碌：已播下秋播作物的种子，现在正忙着翻耕春播地，好为来年的春播做准备。

夏季的浆果已过了时令，现在正是苹果、梨子、李子成熟的时节。森林里有许多蘑菇，满是苔藓的沼泽地上长着红艳艳的红莓苔子。乡村的孩子用长竿子从花楸树上打下一串串沉甸甸的红色果子。

野鸡——公山鹑和母山鹑拖儿带女，日子可不好过了。它们刚从秋播作物地转移到春播作物地，现在又不得不过着颠沛流离的生活，从一块春播地飞到另一块春播地。

最后，山鹑躲进了土豆地。在那里，不会有人来打扰它们。

可是，很快庄员们又在土豆地里忙活开来了——挖土豆。挖土豆的机器开动起来。孩子们燃起了一堆堆篝火，就地安上土炉子，边烤边吃焦黄的土豆。弄得个个都成了大花脸，黑乎乎的，看了叫人害怕。

灰色的山鹑又要离开土豆地，再次亡命。它们的后代终于长大，国家已允许猎人捕杀它们了。

得找个觅食和藏身的地方——可在哪里呢？地上的庄稼都已收割完了。好在秋播的黑麦田里已齐齐整整长出小苗。那里，正是觅食和躲开猎人敏锐眼睛的好地方。

集体农庄新闻

H. M. 帕甫洛娃

迷惑计

在只剩下短麦秸秆或茬子的田地里藏着敌害——杂草。它们的种子紧贴着泥土，根则深深地扎到地下去。这些敌害盼着春天到来。一到春天，土地翻耕过了，种上土豆，这时杂草也长高了，开始祸害土豆了。

庄员们决定对杂草巧施骗术。他们把浅耕机开到田里，浅耕机把杂草种子翻到土里去，把杂草的根截成一段段。

杂草以为春天来了，你看天气多暖和，泥土又松又软。于是杂草便兴冲冲地生长起来，草籽也开始发芽，一段段根茎也发出芽来。田野一片翠绿。

庄员们笑开了，因为敌害上当了。杂草长出来后，深秋时节，他们把地再翻耕一遍，让杂草来个底朝天。一到冬天它们全会被冻死。杂草啊杂草，这下看你们怎么祸害土豆！

帽子的式样

林子里，田野上，道路两旁，处处都有松乳菇和牛肝菌。松林里的松乳菇模样俏：颜色棕红，矮胖壮实，头上的帽子满是一圈圈的花纹。

孩子们说，松乳菇帽子的式样是从人这儿学去的。不是吗？它们的帽子活像顶草帽。

可这话并不适合牛肝菌的帽子。它们的帽子跟人的帽子丝毫不相像。别说是男的，就是年轻姑娘，为了赶时髦，也不会戴这样的帽子。牛肝菌的帽子又黏又滑，戴着别说多受罪了。

无功而返

一群蜻蜓飞到“曙光”农庄的养蜂场偷吃蜂蜜，结果扑了个空，原来蜂场上见不到一只蜜蜂。蜻蜓事先没得到一丁点儿的消息，原来从7月中旬起，蜜蜂就把家搬到林中盛开帚石楠花的地方去了。

蜜蜂就在帚石楠花丛中酿制黄灿灿的蜂蜜，待到帚石楠花谢了再搬回老家。

狩猎纪事

带着猎狗去打猎

8月的一个清新的早晨，我随塞索伊·塞索伊奇去打猎。我的两只西班牙猎犬吉姆和鲍埃欢天喜地地又叫又跳，扑到我的身边。塞索伊·塞索伊奇的那条硕大而漂亮的塞特狗拉达把前爪搭在小个子主人的肩头，舔他的脸。

“嘘，淘气鬼！”塞索伊·塞索伊奇用袖口擦着嘴唇，装作没好气地说，“去哪儿？”

三条狗没等他说完就离开我们，跑到割过草的草地上去了。美人儿拉达迈开步子，奔跑起来，它那皮毛白里带黑的身影在翠绿的灌木丛后时隐时现。我那两条矮脚狗像是受了委屈，哀怨地叫嚷起来，拼命追赶，却怎么也赶不上。

让它们撒欢儿去吧。

我们来到一丛灌木前。吉姆和鲍埃听到我的口哨声，回来了，在附近忙个不停：把每个树丛和土丘都嗅了个遍。拉达呢，在前面穿梭似的跑来跑去，时而从左边，时而从右边，在我们前面一闪而过。跑着跑着，它突然停了下来，不走了。

拉达像是撞上一道无形的铁丝网，站着一动不动，却保持着停止奔跑那刹那间的姿势：头左偏，富有弹性的背脊弓起来，抬起左前腿，蓬松的尾巴像根大羽毛，伸得直直的。

原来它停下来不跑，不是因为撞上了什么铁丝网，而是闻到了一股野禽的气息。

“您想打吗？”塞索伊·塞索伊奇问我。

我谢绝了。我把自己的两条狗叫过来，命令它们在我的脚旁躺下来，免得它们碍手碍脚，反而惊了野禽逃过拉达的伺伏。

塞索伊·塞索伊奇不慌不忙向拉达走去，到了跟前，停下脚步。他从肩上取下枪，扣上扳机。他不忙着指令猎狗往前去，显而易见，他和我一样，欣赏猎犬那迷人的画面：它那优雅的姿势、蓄势待发的激情和压抑着的紧张。

“向前！”塞索伊·塞索伊奇终于下了命令。

拉达却不加理会。

我知道，这里有一窝山鹑。只要塞索伊·塞索伊奇再次发出命令，它准会向前跳出一大步——到时候灌木丛里就会噼里啪啦蹿出一群棕红色的大鸟来。

“向前，拉达！”塞索伊·塞索伊奇边举猎枪，边下命令。

拉达迅速向前冲去。它跑了半圈，又停下来不走了，还是保持伺伏的姿态，但针对的是另一丛灌木。

怎么回事？

塞索伊·塞索伊奇走到它跟前，又命令道："向前！"

拉达竖起耳朵朝灌木丛听了听，又绕着灌木丛跑了一圈。

从灌木丛里悄无声息地飞出一只浅棕红色、个头儿不大的鸟。它懒洋洋地挥动翅膀，动作似乎不太熟练，两条长长的后腿耷拉下来，像是被打断了。

塞索伊·塞索伊奇放下枪，怒气冲冲地招呼拉达回来。

原来这是只长脚秧鸡！

这种生活在草丛中的鸟，春天会发出尖锐刺耳的叫声，听到这种叫声，猎人倒感到有几分亲切，但到了狩猎季节，猎人就感到讨厌了，因为长脚秧鸡不等猎犬做好伺伏，就悄悄地在草丛中跑掉了，让猎犬白白伺伏一场。

之后，我和塞索伊·塞索伊奇分头行动，说好在林中一个湖边会合。

我沿着一条绿树掩映的狭窄河谷走。跑在我前头的是咖啡色的吉姆和它的儿子——黑、白和咖啡三色相间的鲍埃。我时刻保持警惕，眼睛盯着两条狗，因为西班牙狗不会伺伏，随时都有可能惊起野禽。每遇一丛灌木它们都钻进去，消失在高高的草丛中，过了一会儿又出现在我的视野里，它们那半截子的尾巴像螺旋桨似的转个不停。

是的，不能让西班牙狗留长尾巴，否则，它们的长尾巴拍打草丛或灌木，会弄出很大声响，而且容易被灌木蹭破皮。西班牙狗在长到三个星期大的时候就要把尾巴截短，以后尾巴就不会再长了。留下来的半截尾巴，以备不时之需：一旦不小心陷进泥沼里，就可以抓住它的尾巴，把它拖出来。我的注意力全集中在两条狗身上，实在闹不明白，我是怎么同时看清周围的一切，欣赏到成百上千美好而奇特的景物的。

我抬头一看，太阳已升到树林上空了，枝叶和草丛间跳动着无数金灿灿的光点，像兔子，又像蛇。再一看，一棵松树的树干巧妙地弯下来，形成一张巨型椅子，上面该坐着童话中的树精吧。不，在那宝座上，在一个小窝里，蓄满了水，旁边几只蝴蝶轻轻地扇动翅膀。

它们在饮水哩……我也渴得嗓子眼儿直冒烟。我的脚旁翠绿的羽衣草那宽宽的叶子上有一颗硕大的露珠，恰如一颗无比珍贵的宝石，晶晶亮的。

得非常小心地弯下身去——千万别让它滚落下去——把羽衣草的这片叶子摘来，它的褶皱里可蕴藏着世上最纯净的露珠，汇集了朝阳的全部喜悦。毛茸茸、湿漉漉的叶子触到嘴唇，清凉的水珠即刻滚到了干渴的舌头上。

吉姆蓦地吠了起来："汪！汪！汪！汪！……"我再也顾不得那为我解渴的叶子，任叶子飘落在地。

吉姆汪汪叫着，同时往小溪边跑去，它的尾巴像螺旋桨似的扇动起来，越来越频繁，越来越迅速。

我也往溪边赶去，想赶在吉姆之前到达溪岸。

但我还是迟了一步，一只刚才没发现的鸟轻轻拍打着翅膀，从一棵枝叶繁茂的赤杨后面飞了出来。

鸟径直向赤杨后面的高空飞去——原来是只嘎嘎叫的大野鸭。我太激动了，来不及瞄准，举枪就放，子弹穿过树叶飞过去，野鸭应声仰面跌落在前面的小溪中。

这一切发生得太突然，我只觉得自己像是没有开过枪——是我的意念把它打下来似的。我只是动了打它的念头，它就掉下来了。

吉姆已经游过去，把猎物衔到岸上来了。它顾不上抖落身上的水，嘴里紧紧衔着野鸭（野鸭的长脖子耷拉到地上），交到了我的手上。

"谢谢，老伙计！谢谢，亲爱的！"我弯下身抚摸它。

可它径自抖落身上的水，溅得我一脸的水点子。

"嗬，好个没礼貌的家伙！走开点儿！"

它跑开了。

我用两个手指头抓住鸭嘴尖，拎起来掂了掂分量。好家伙！鸭嘴竟没有断，还吃得消整个身子的重量。那就是说，这是只壮年的鸭子，不是今年出窝的新鸭子。

我匆匆忙忙把鸭子挂到子弹带的皮背带上，因为我那两条狗又在前面叫开了。我赶紧跑过去，边跑边装弹药。

狭窄的溪谷这时候变宽了。一个小池沼一直延伸到了山坡前，上面布满了草丛和苔草。

吉姆和鲍埃在草丛里钻进钻出。那里藏着什么？

大千世界都融汇到这个小小的池沼里了。猎人心里只有一个愿望，那就是快点儿知道，猎犬在草丛里嗅到了什么，从中会飞出什么野禽来——别失手才好。

我的两条短矮脚狗在高高的苔草中不容易被发现，但它们的耳朵像翅膀，时而这里，时而那里，在草上掠过，它们这是在做跳跃式的搜索——跳起来看清近处的猎物。

只听见扑哧一声——这声音很像从池沼烂泥里拔出靴子时的声音——一只长脚田鹬从草丛中飞了出来，飞得很低，做“之”字形飞行。

我瞄准好，开了一枪，却让它飞走了！

它绕了大半圈，伸出笔直的双脚，又落下来，钻进离我很近的草丛里去。它停在那里，利剑一样的长喙插在地面上。

它离我很近，况且还停着没飞，我不好意思朝它开枪。

但吉姆和鲍埃来到我身边，逼得它又飞起来。我用左边的枪管开了一枪，还是没有打中。

唉，真倒霉！你看我打了30年的猎，平生到手的田鹬少说也有几百只了，但是只要见到飞行的野禽，手就痒痒的。我这性子也太急了点。

我有什么法子？现在得去找黑琴鸡了。否则塞索伊·塞索伊奇见了我的猎物，准会轻蔑一笑：在城里的猎人眼中，田鹬是了不得的猎物，味道好极了；可在乡间的猎人看来，那算什么鸟，小玩意儿一件，微不足道。

塞索伊·塞索伊奇在小山后面已开了三枪了。也许，他打到的野禽少说也有5千克了。

我过了小溪，爬上一座峭壁。站在高处向西望去，能看到很远的地方。那边有一块很大的采伐地。采伐地后面是一大片燕麦田。只见拉达的身影在闪来晃去。塞索伊·塞索伊奇也在那里。

啊哈，拉达站住不动了！

塞索伊·塞索伊奇走了过去，只见他开了枪，“砰！砰！”双管连发。

他捡猎物去了。

我可不能光看热闹了。

两只狗已跑进密林。我该怎么办？我立下过规矩：我的狗在密林里时，我就走林间小道。

林间小道其实很宽敞，鸟飞过时完全来得及开枪。要是猎狗能把它们往这边赶就好了。

鲍埃吠了起来，吉姆也跟着吠起来。我赶紧跑过去。

我很快来到两条狗跟前，可它们在那儿磨蹭什么？黑琴鸡，错不了。它钻进了草丛，引得狗跟着团团转——我知道它这套把戏！

“特啦——塔！塔——塔——塔——塔！”还真是黑琴鸡。它果然飞起来了，黑得像烧焦的黑炭。它冲出来沿着林间小道直往远处飞。

我追着它连开了两枪。

它拐了个弯，消失在高高的树后不见了。

难道我又失手了？不可能，我似乎瞄得很准呢……

我吹起口哨呼唤狗过来，自己便朝黑琴鸡消失的林子走去。我在找，两条狗也在找，可哪儿也没找到。

唉，多懊恼！……今天注定是个枪枪打不中的日子！再说也没什么可抱怨的：枪是好枪，弹药也是自己亲手装的。

我还得试试——也许到了湖上会交好运。

我又上了林中小道。沿着这条路走不多远——约莫500米——就到了湖边。心情算是坏透了。这时两条狗不知跑到哪里去了，怎么叫唤都没有回应。

管它们呢！我一个人去算了。

不料鲍埃不知从哪里冒了出来。

“你哪里去了？你看呢，要是你是猎人，我呢，是你的助手，只是个开枪的，那怎么着？这枪你拿着，自个儿开去吧。怎么样？不行？我说你干吗四脚朝天躺着？你倒是来讨饶了？那得听话。一般来说，西班牙狗个个傻里傻气的，长毛猎狗就不同了，会伺伏。要是让拉达来伺伏，可就简单了，那样我准能百发百中。野禽——就像被绳子拴住了似的——你想，它能逃得了吗？”

前方，在树干间，露出一个小湖，湖面上银光闪闪。我这个猎人的心头涌现出新的希望。

湖岸边长满了芦苇。鲍埃扑通一声跳入了水中，向前游着，搅动了高高的绿色芦苇。

只听得嘎的一声，一只鸭子叫着从芦苇丛中飞了出来。

那野鸭飞到湖中央的时候，我的枪声响起，它的长脖子随之耷拉下来，身子落到了水里，扑腾着翅膀，溅起阵阵水花。鸭子肚子朝天躺在水面上，两只红红的爪子朝天，乱划着。

鲍埃向那野鸭游过去。猎狗张开嘴，就要咬住鸭子的刹那，冷不防鸭子钻进水里不见了。

鲍埃被搅得莫名其妙：那家伙倒是哪儿去了？它东转转，西找找，就是不见鸭子的影子。

突然猎狗的头扎进了水里。怎么回事？被什么东西缠住了？沉到水底去了？怎么办？

野鸭又露面了，它正向岸边慢慢游来。野鸭游得很怪，侧着身子游的，头却在水下。

原来是鲍埃叼着它！鲍埃就在它的身后，因而看不见脑袋。太棒了！原来是它潜到水下，叼回了鸭子。

“干得真叫漂亮！”传来塞索伊·塞索伊奇的声音。他悄悄地从我身后走了过来。

鲍埃游到一个草丛边，爬了上去，放下鸭子，抖起身上的水来。

“鲍埃，你真不害臊！给我叼过来。”

真是个不听话的家伙——对我的命令竟不理不睬！

突然，吉姆不知从哪里冒了出来。它游到草丛前，气呼呼地数落了儿子一顿，叼起鸭子，来到我跟前。

吉姆抖落身上的水，就奔进灌木丛，想不到从里面带回来被我打死的那只黑琴鸡。

我这才明白，我的老伙计这么长时间到底哪儿去了：它在林子里四处找，找到被我打死的黑琴鸡后，拖着它走了约500米的路，才赶上我。

在塞索伊·塞索伊奇面前，我因为有了它们而感到脸上有光彩。

老伙计，忠诚的猎狗！11年来你忠心耿耿、任劳任怨地为我出力，但是这很可能是你与我一起狩猎的最后一个夏天，因为狗的寿命是短的。我还能找到另一位这样的朋友吗？

以上这些，是我在篝火旁喝茶时的想法。小个子的塞索伊·塞索伊奇干练地把野味挂到桦树枝上：两只年轻的黑琴鸡、两只沉甸甸的同样年轻的松鸡。

三条狗蹲在我的周围，贪婪地注视我的一举一动：会给它们丢点什么吃的？

当然忘不了它们，三条狗干得太漂亮了，都是好样的。

下午了。天好高好高，好蓝好蓝。隐约听到头顶上山杨树叶摇曳时发出的瑟瑟声。

多美好的时光！

塞索伊·塞索伊奇坐了下来，悠闲地卷起烟卷儿。他陷入了沉思。

太妙啦，我马上就能听到他讲讲自己狩猎生涯中又一次有趣的经历！

现在，整窝的野禽在生长，正是狩猎的好时光。为了猎取警惕性高的鸟，猎人们费尽心机，什么手段都用上了！但是，要是他事先不了解鸟类的生活和习性，什么手段都起不了作用。

本报特派记者

公　　告

寻鸟启事

椋鸟哪里去了？白天有时还能在田间和牧场见到。但是它们躲到哪里过夜了？小鸟刚一出窝，它们就离弃了自己的窝，再也不回来了。

本报编辑部启

给读者带来问候

我们是来自北冰洋岛屿和海滨的髯海豹、海象、格陵兰海豹、白熊和鲸。

我们受托将读者的问候带给非洲的狮子、鳄鱼、河马、斑马、鸵鸟、长颈鹿和鲨鱼。

从北方飞经此地的鹬、野鸭和海鸥

轻松一课

一、农业新技术

科学技术的发展，让农民也有了新的得力助手。你知道哪些应用在农业上的新技术？选择你最了解的一项写一封使用说明书吧！

名　　称	
使用效果	
所需工具	
用　　法	
注意事项	

二、是敌是友

因为小鸡和鸽子被猛禽害死，庄员们将附近的猛禽一网打尽，却发现偷吃粮食的田鼠、黄鼠、野兔多了起来，带来了更大的损失。原来这些猛禽中虽然有一些给人们带来危害，但对人们有益的也不少。你知道多少对我们的生活有益或者有害的动物呢？动笔写下来吧！

阅读小贴士

秋天到了，这是一个离别的季节，森林里逐渐安静起来。候鸟开始长途跋涉去温暖的地方，白桦树光秃秃的，天气也越来越冷了，但森林并没有变得死气沉沉：来自更加寒冷的地区的鸟儿在此筑巢安家了，在它们看来这里便是温暖之乡。鸟儿迁徙的路线有规律吗？动物们为过冬做了哪些准备？这些问题等待着你来找到答案。

扫一扫，
获取原声朗读

(秋季第一月)

9月21日至10月20日太阳进入天秤宫

МЕСЯЦ ПРОЩАНИЯ ПЕРЕЛЁТНЫХ С РОДИНОЙ

候鸟辞乡月

一年——分十二个月谱写的太阳诗章

9月里愁云惨淡，生灵哀号。伴随着呼啸的秋风，天色越来越阴沉。秋季的第一个月到来了。

秋季和春季一样，有着自己的工作进程，不过一切程序都反了过来。秋临大地是在空中初露端倪的。树叶开始渐渐变黄、变红、变褐色。树叶一旦缺少阳光，便开始枯萎，很快就失去了绿油油的色彩。枝头长着叶柄的地方开始出现枯萎的痕迹。即使在完全静止无风的日子里，也会有树叶蓦然坠落——这儿落下一片发黄的桦叶，那儿落下一片发红的山杨叶，轻盈地在空中飘摇下坠，在地面上无声无息地滑过。

清晨醒来的时候会首次发现枝叶上的雾凇，你在自己的日记里记下："秋季开始了。"从这一天起（确切地说，是从这天夜里起，因为初寒往往在凌晨降临），树叶会越来越频繁地从枝头脱落，直至寒风骤起，刮尽残叶，脱去森林艳丽的夏装。

雨燕失去了踪影。燕子和在我们这儿度夏的其他候鸟都群集在一起，显然是要趁着夜色踏上遥遥征途。空中正在变得冷冷清清，水也正在冷却下去，再也不能激起游泳的兴致……

突然间，仿佛在记忆犹新的美丽夏日似的，天气晴朗了。白天变得和煦、明媚、安宁。宁谧的空中飞舞着一条条银光闪闪的长长蛛丝……田野上新鲜的嫩绿庄稼泛出了令人欣喜的光泽。

“遇上小阳春了。”村里人怀着浓浓爱意望着生气勃勃的秋苗，笑盈盈地说道。

林中万物正在为度过漫长的寒冬做准备，一切未来的生命都稳稳当当地躲藏起来，暖暖和和地包裹起来，与其有关的一切操劳在来年春回之前都已停止。

只有母兔不知消停，依然不甘心夏季就这么完了。它们又生下了小兔崽！生下的是秋兔。林子里长出了伞柄细细的蜜环菌。夏季结束了。

候鸟辞乡月已然来临。

如同在春季一样，来自林区的电讯又纷纷传到本报编辑部。每时每刻都有新闻，每日每夜都有事件报道。又如在候鸟返乡月一样，鸟类开始长途跋涉，这回是由北向南。

秋季开始了。

林间纪事

首份林区来电

所有穿着靓丽多彩衣装的鸣禽都消失了。它们是怎么踏上征程的，我们没有看见，因为它们是在夜间飞走的。

许多鸟宁愿在夜间飞行，因为这样比较安全。在黑暗中，那些从林子里飞出来，在它们飞经的路上守候的隼、鹞鹰和其他猛禽不会去惊扰它们。而候鸟在黑夜里能找到通往南方的路径。

在遥遥海途上，成群结队的水鸟——鸭子、潜鸭、大雁、鹬出现

了。长翅膀的旅行者仍然在春季逗留过的地方稍作停留。

森林里的树叶正在变黄。一只雌兔又生下了六只小兔崽。这是今年它生下的最后一窝小兔崽——秋兔。

在海湾长满水藻的岸滩上，不知是谁留下了一个个十字形印记。整个藻滩上布满了一个个小十字和小点儿。我们在海湾的岸上给自己搭了一个小窝棚，想窥探究竟，看到底是谁在淘气。

告别的歌声

白桦树上的树叶已明显地稀疏起来。早已被窝主抛弃的椋鸟窝孤独地在光秃的枝干上摇晃。

怎么回事？突然有两只椋鸟飞了过来。雌鸟溜进了窝里，在窝里煞有介事地忙活着。雄鸟停在一根树枝上，在四下里张望……停了一会儿，它唱起了歌。它轻轻地唱着，似乎是在自娱自乐。

雄鸟终于唱完了。雌鸟飞出了椋鸟窝，它得赶紧回到自己的群体中去。雄鸟也跟着它飞走了。该离开了，该离开了，不是今天走，而是明天要踏上万里征途。

它们是来和夏天用以养育儿女的小屋告别的。

它们不会忘记这间小屋，明年春季还会入住里面。

摘自少年自然界研究者的日记

晶莹清澈的黎明

9月15日，一个晴朗和煦的秋日[①]。和往常一样，我一大早就跑进花园。

我出屋一望，天空高远深邃，清澈明净，空气中略带寒意，在树木、灌木丛和草丛中挂满了亮晶晶的蜘蛛网。这些由极细的蛛丝织成的网上缀满了细小的玻璃状露珠。每张网的中央都蹲着一只蜘蛛。

有一只蜘蛛把自己银光闪闪的网张在了两棵小云杉树的枝叶之间。由于缀满了冰凉的露珠，那网看上去仿佛是由水晶织成的，似乎只要轻轻一碰，就会叮当叮当响起来。那只蜘蛛则蜷缩成一个小球，屏息凝神，纹丝不动。还没有苍蝇在这里飞来飞去，所以它正在睡觉。或许它真的僵住了，冻得快死了？

我用小拇指小心翼翼地触了它一下。

蜘蛛毫无反抗，仿佛一颗没有生命的小石子，掉落到地上。但是

---

① 这篇日记的作者是依气象划分法划分四季的。气象部门通常以阳历3~5月为春季，6~8月为夏季，9~11月为秋季，12月~来年2月为冬季，与本书采用的划分四季和月份的方式不同。

在草丛下，我看到它立马跳起来，跑着躲了起来。

善于伪装的小东西！

令人感兴趣的是，它会不会回到自己的网上去？它会找到这张网吗？或许它会着手重新织一张这样的网？要知道多少劳动白费了！它又得一前一后来回奔跑，把结头固定住，再织出一个个的圈。这里面有多少技巧！

一颗露珠在细细的草叶尖儿上瑟瑟颤动，犹如长长睫毛上的一滴眼泪，折射出一个个闪亮的光点。于是，一种愉悦之情也在这光点中油然而生了。

最后的洋甘菊在路边依然低垂着由花瓣组成的白色衣裙，正在等待太阳出来给它们温暖。

在微带寒意、清洁明净又似乎松脆易碎的空气里，无论是多彩的树叶，或是由于露珠和蛛网而银光闪闪的草丛，还有那蓝蓝的溪流——那样的蓝色在夏季是永远看不到的，万物是那么赏心悦目，盛装浓抹，充满节日气氛。我能发现的最难看的东西，是湿漉漉地粘在一起、一半已经破残的蒲公英花，是毛茸茸、暗淡无光、灰不溜秋的夜蛾——它的小脑袋也许有点儿像鸟喙，茸毛剥落得光溜溜的，都能见到肉了。而在夏天蒲公英花是多么丰满，头上张着数以千计的小降落伞！夜蛾也是毛茸茸的，小脑袋既平整又干燥！

我怜悯它们，让夜蛾停在蒲公英花上，久久地把它们捧在掌心里，凑到已经升起在森林上空的太阳下。于是它们俩——冷冰冰、湿漉漉、奄奄一息的花朵和蛾子，稍稍恢复了一点儿生气。蒲公英头上粘在一起的灰色小伞晒干、变白、变轻，挺了起来；夜蛾的翅膀从内部燃起了生命之火，变得毛茸茸的，呈现出了蓝蓝的烟色。可怜、难看而残疾的小东西也变好看了。

森林附近的某个地方，一只黑琴鸡开始压低了声音喃喃自语起来。

我向一丛灌木走去，想从树丛后面隐蔽地靠近它，看看它在秋季是怎么轻声轻气地自言自语和啾啾啼叫的，因为我想起了春季里它们的表演。

我刚走到灌木丛前，这只黑不溜秋的东西就呋尔一声飞走了，几乎是从我脚底下飞出来的，而且声音大得很，我甚至打了个哆嗦。

原来它就停在这儿，我的身边。我却觉得那声音很远。

这时，远方号角般的鹤唳声传到了我的耳边，人字形的鹤阵正飞经森林上空。

它们正远离我们而去……

驻林地记者　维丽卡

最后的浆果

沼泽地上，红莓苔子成熟了。它长在一个个泥炭土墩上，浆果直接在苔藓上搁着。老远就能看见这些浆果，可浆果长在什么上面，却看不出。你只要就近观察一番，就会发现在苔藓垫子上伸展着像线一样细细的茎。茎的两边长着小小硬硬、发亮的叶子。

这就是完整的一棵半灌木。

H. M. 帕甫洛娃

原路返回

每个白天，每个夜晚，都有飞行的旅客上路。它们从容不迫、不露声色，途中作长时间的停留，这和春季时不一样。看来它们并不愿意辞别故乡。

返程迁徙的次序是这样的，首先是光鲜多彩的鸟起飞，最后上路的是春季最早飞来的鸟——苍头燕雀、云雀、海鸥。许多鸟都是年轻的飞在前面。苍头燕雀雌鸟比雄鸟早飞。谁体力好，有忍耐性，谁能耽搁的时间就越长。

大部分候鸟直接飞往南方——到法国、意大利、西班牙、地中海、非洲。有一些飞往东方，经过乌拉尔、西伯利亚，到达印度，甚至美洲。数千公里的路程在它们的下面闪闪而过。

第二份林区来电

我们已经探明是什么动物在海湾岸滩的藻地上留下了十字形花纹和小点儿。

原来是鹬的杰作。

在水藻丛生的海湾，有许多可以让它们美餐的小菜馆。它们在此逗留歇脚，果腹充饥。它们在松软的水藻上迈开长腿，留下三个脚趾分得很开的爪痕。而小圆点则是它们把长长的喙戳进水藻里留下的，它们这样做是为了从中拖出某样活物来当自己的早餐。

我们捉了一只整个夏季都住在我家屋顶上的鹳，在它脚上套了一个轻金属（铝制）脚环。在环上打着这样的文字：莫斯科，鸟类学委员会，A型195号。然后我们把鹳放了。让它戴着脚环飞行吧。如果有人在它的越冬地捉到它，我们就能从报上得知我们的鹳过冬的住处在何方了。

林中的树叶已完全变色，开始坠落。

本报特派记者

都市新闻

胆大妄为的攻击

在圣彼得堡伊萨教堂广场，光天化日之下，就在行人的眼前发生了一起胆大妄为的攻击事件。

一群鸽子从广场上飞起来。这时，一只硕大的游隼从伊萨教堂的圆顶上飞下，击中了最边上的一只鸽子。鸽毛开始在空中飞舞。行人们看见大惊失色的鸽群躲到了一幢大房子的屋檐下，游隼则用利爪抓着死去的猎物，艰难地飞上教堂的圆顶。

巨大的隼的迁徙路线经过我们城市的上空。飞行的猛禽喜欢在教堂圆顶或钟楼上实施它们的强盗行径，因为那里便于它们看清猎物。

第三份林区来电

早上的寒冷已经降临。

有些灌木丛的树叶已经落尽，仿佛被刀割了一般。雨水使树叶从树上纷纷落下。

蝴蝶、苍蝇、甲虫都已各自藏身。

候鸟中的鸣禽匆匆穿过小树林和幼林，因为它们已经食不果腹。

只有鸫鸟没有抱怨吃不饱肚子。它们正成群结队地扑向一串串成熟的花楸树的果实。

在落尽树叶的森林里，寒风正在呼啸。树木进入了深沉的睡梦。林中再也听不到如歌的鸟语。

本报特派记者

喜鹊

春天的时候，村里的几个小孩捣毁了一个喜鹊窝，我向他们买了一只小喜鹊。在一昼夜的时间里，它很快就被驯服了。第二天，它已经直接从我手里吃食和饮水了。我们给它起了个名字：魔法师。它已听惯了这个称呼，一听到就会回应。

翅膀长好后，它就喜欢飞到门上面停着。门对面的厨房里，有一张带抽屉的桌子，抽屉里总放着一些吃的东西。只要你一拉开抽屉，喜鹊立马就从门上飞进抽屉，开始快速地吃里面的东西。如果你要把它挪开，它就喊喊叫，不愿意离开。

我去取水时对它一声喊：

“魔法师，跟我走！”

它就停到我肩膀上，跟我走了。

我们准备喝茶了——喜鹊先来个喧宾夺主，啄一块糖、一块小面包，要不就把爪子直接伸进热牛奶里去。

不过，最可笑的事常发生在我去菜园里给胡萝卜除草的时候。

魔法师停在那里的菜垄上，看我怎么做。接着它也开始从地上拔东西，像我一样把拔出的东西放作一堆。它在帮我除草呢！

但是这位助手良莠不分——它把什么都一起拔了，无论杂草还是胡萝卜。

驻林地记者　维拉·米海耶娃

躲藏起来

天气越来越冷了。

美好的夏季已经消逝……

血液在渐渐冷却，行动越来越软弱无力，昏昏欲睡的状态占了上风。

长着尾巴的北螈整个夏天都住在池塘里，一次也没有爬离过。现在它爬上了岸，在森林里到处游荡。它找到了一个腐烂的树墩，钻进了树皮里，在那里把身体蜷缩成一团。

青蛙则相反，从岸上跳进了池塘。它们潜到水底，深深地钻进了水藻和淤泥里。蛇、蜥蜴躲到靠近树根的地方，钻进温暖的苔藓里。鱼儿群集在水下深深的坑里。

蝴蝶、苍蝇、蚊子、甲虫钻进了小洞、树皮的小孔、墙缝和篱笆缝里。蚂蚁把自己有着上百门户的高高城堡的所有出入口统统堵了起来。它们钻进了城堡的最深处，紧紧地聚作一堆，就这么静止不动了。

它们面临着忍饥挨饿的日子。

对于热血动物——兽类和鸟类来说，寒冷并不那么可怕，因为只要有食物，吃一点下去，就像炉子生了火。而冷血动物就只能忍饥挨饿了。

蝴蝶、苍蝇、蚊子都躲藏起来了，所以蝙蝠就没了充饥的东西。它们藏身于树洞、岩洞、山崖的裂缝或屋顶下的阁楼间里。它们用后腿的爪子随便抓住什么东西，头朝下把身体倒挂起来。它们用翼像雨衣一样把身体盖住，就入睡了。

青蛙、蟾蜍、蜥蜴、蛇、蜗牛都隐藏起来了。刺猬躲进了树根下自己的草窝里。獾也很少走出自己的洞穴。

鸟类飞往越冬地

自天空俯瞰秋色

真想从高空俯瞰我们辽阔无际的国家。在清秋时节，乘坐平流层气球升到高空，俯瞰耸立的森林，俯瞰飘移的白云——离地大约有30千米吧。尽管你依然无法见到我们国土的疆垠，然而你放眼望去，目光所及，大地竟是如此广袤。当然这得在天空晴朗、浮云不遮望眼的天气。

在如此的高空鸟瞰下方，你会觉得我们整块大地似乎都在运动，在森林、草原、山岭、海洋……的上空有东西在运动。

这是鸟类在运动，是难以计数的鸟群在运动。

我们的候鸟去国离乡，动身飞往越冬地。

当然，有些鸟——麻雀、鸽子、寒鸦、红腹灰雀、黄雀、山雀、啄木鸟和别的小鸟依然留在了原地。留下来的还有除雌鹌鹑以外的所有母野鸡，还有苍鹰、大猫头鹰。不过，这些猛禽在我们这儿到冬季便无事可做，因为大部分鸟类仍然离开我们飞往越冬地。飞迁是从夏末开始的，最先飞走的是春季来得最晚的那些鸟。鸟类的飞迁长达整个秋季，直至河水封冻。

最后飞离我们的是春季最先出现的鸟：白嘴鸦、云雀、椋鸟、野鸭、鸥鸟……

各有去处

你们是否以为从气球上望去，在通向越冬地的路上布满了自北而南飞行的如潮鸟群？才不呢！

不同种类的鸟在不同的时间飞离，大部分在夜间飞行，因为这样比较安全。而且并非所有的鸟都自北向南飞往越冬地。有些鸟在秋季是自东向西飞的，另一些则相反——自西向东。我们这儿还有那样一些鸟，它们竟直接飞往北方越冬！

我们的特派记者用无线电报——通过无线电——告诉我们那些鸟飞往何处，那些展翅远飞的跋涉者一路上有何感受。

自西向东飞

“切——依！切——依！切——依！”红色的朱雀成群结队地这样彼此呼应。还在8月份，它们就开始了从波罗的海沿岸、圣彼得堡州和诺夫哥罗德州出发的旅程。它们走得从从容容，因为到处都有充足的食物，干吗要急着赶路？况且又不是回老家去筑巢孵小鸟。

我们曾看见它们飞经伏尔加河，越过不高的乌拉尔山脊，现在又看见它们来到西伯利亚的巴拉宾斯克草原。它们日复一日地一直向东，向东——向着太阳升起的方向前进。它们从一座树林飞向另一座树林，因为巴拉宾斯克草原长满了一座座白桦树小林。

它们竭力在夜间飞行，白昼则休息和觅食。尽管它们成群结队地飞行，而且雀群中每只鸟都在留神观察，以免遭遇不测，但仍然会有不幸的事件发生。它们没能守护好自己，这只或那只鸟落入了鹰爪。在西伯利亚这儿，猛禽非常多——苍鹰、燕隼、灰背隼等。它们是高速飞翔的能手，可厉害呢！在小鸟从一座小林向另一座小林飞行的时候，有许多只就被抓走了！夜间比较好些，因为猫头鹰不多。

在这儿，西伯利亚朱雀群的路线转了个向。越过阿尔泰山，越过戈壁沙漠，飞往炎热的印度——在艰辛的旅途中它们这些小鸟又有多少会命丧黄泉！在印度，它们停下来过冬。

自东向西飞

每年夏季，如乌云一般的一群群野鸭和似白云一般的整群整群的鸥鸟在奥涅加湖上繁殖。秋季正在临近，于是这些乌云和白云便飞向了西方——太阳下山的地方。针尾鸭群和海鸥群动身向越冬地进发了。让我们乘飞机跟随它们吧。

您听到尖厉的哨音了吗？随之而起的是拍水声、翅膀扇动声、野鸭绝望的嘎嘎叫声和海鸥的鸣叫声！

针尾鸭和海鸥刚想在一个林间小湖上安顿休息，也是候鸟的游隼却紧随而至，追上了它们。仿佛一根长长的牧人的鞭子随着一声呼啸划过长空，它在一只飞到空中的针尾鸭的背部上方掠过，用它那犹如弯曲的小刀似的后趾利爪划破了鸭子的脊背。受伤的鸟儿长长的脖子像绳子一样垂挂下来，还未等它落入湖中，游隼就骤然转过身来，在紧贴水面的上方用爪子一把将它抓住，用钢铁般的利喙给它的后脑致命一击，就把它带走作为自己的美餐了。

这只游隼是针尾鸭的灾星。它与针尾鸭一起从奥涅加湖上起程，又和鸭群一起经过圣彼得堡、芬兰湾、立陶宛……在吃饱的时候，它就停在某个山崖或某棵树上，若无其事地看着海鸥在水面上方飞翔。针尾鸭一头扎进水里，再从水面上飞起来，聚成一堆或排成长长的鸟阵，向西——太阳像一颗黄色的圆球那样落进波罗的海灰暗水中的方向——继续自己的征途。但是只要游隼一感觉到饥饿，它便迅捷地追上鸟群，从中抓出一只鸭子来吃。

它将会这样追随它们，沿着波罗的海、北海的海岸线一直飞下去，追随它们飞经不列颠群岛——也许直至这些岛屿的岸边，这只会飞的"狼"才会最终脱离这些飞鸟。在这里，我们的针尾鸭和海鸥将留下来过冬，而游隼，如果愿意，就又会飞去追逐其他向南飞的鸭群——飞往法国、意大利，飞经地中海，进入炎热的非洲。

向北飞，向北飞，飞向长夜不明的地方

绒鸭——正是为我们的外衣提供如此暖和的轻柔羽绒的那些鸭子——在白海的坎达拉克沙自然保护区安详地孵育了自己的雏鸭。在这里，对绒鸭的保护进行了多年，大学生和科学家给鸭子戴上脚环。在它们脚上套上带号码的轻金属圈，以便了解它们从保护区飞往何处，它们的越冬地又在何处，返回保护区栖息地的绒鸭数量大不大，以及关于这些奇异鸟类生活的其他细节。

他们得知绒鸭离开保护区后几乎一直向北飞，那是长夜漫漫的地方，是生活着格陵兰海豹和大声持久吐气的白鲸的北冰洋。

白海不久就整个被厚厚的冰层覆盖了，冬季绒鸭在这儿没有食物可吃。而在北方，水面长年不封冻，海豹和巨大的白鲸在那里捕食鱼类。

绒鸭从岩礁和海藻上揪食软体动物——水下的贝类。它们这些北方鸟类的头等大事是吃饱。纵然当时正值严寒天气，四周是茫茫水域，一片黑暗，它们对此却无所畏惧，因为它们穿着羽绒大衣，披着寒气无法穿透、世上最为暖和的羽绒！再说，有时还会出现极光——北极天空出现的奇异闪光，还有巨大的月亮和明亮的星星。大洋上几个月

太阳不露面，这算得了什么？反正北极的鸭子在那儿舒舒坦坦、饱餐终日、自由自在地度过北极漫长的冬夜。

候鸟迁徙之谜

为什么一些鸟类直接飞往南方，另一些飞往北方，还有一些飞往西方，再有一些飞往东方？

为什么许多鸟类只在水面结冰或开始下雪，它们再也无可觅食的时候才飞离我们？而另一些鸟类，例如雨燕，却按时节离开我们，准确地遵循着日历上的时间，尽管当时它们的食物在四周应有尽有？

还有最为主要的一点：它们根据什么知道秋季应该飞往何方，在何处越冬，以及走哪条路到达那里？

其实一只小鸟破壳而生是在这儿，比如莫斯科或圣彼得堡的某地，而它飞往的越冬地却在南部非洲或印度。我们这儿还有那样一只飞行速度极快的年轻游隼，它却从西伯利亚飞往世界的边缘——澳大利亚。它在那儿待不了多久，到我们这儿春暖花开时又飞回到西伯利亚。

农庄纪事

田间的庄稼已收割一空。粮食获得了大丰收。农庄的庄员们和城里的市民们已经在品尝用新收的粮食制作的馅儿饼和白面包。

亚麻遍布于宽沟和山坡上的田野，被雨水淋湿了，被太阳晒干了，又被风吹松了。又到了把它们收集起来运往打谷场的时候，在那里把它们揉压，再剥下麻皮。

孩子们开学已经一个月。现在没有他们帮忙了。人们正在完成把土豆从地里挖出来的工作，把它们运到站里，再将它们埋入沙丘上干燥的土坑里贮藏起来。

菜地里也变得空空如也。最后从地里收起的是包得紧紧的圆白菜。

田间绿油油的秋播作物呈现出一派生机。这是集体农庄庄员们用以接替已经收割的庄稼而为祖国的新一轮收获所做的准备——这将是一轮更为丰硕的收成。

田间灰色的山鹑已经不再以家庭为单位待在秋播作物的地里，而是结成了更大的群体——每一群有一百多只鸟。

对山鹑的狩猎很快就到了尾声。

采集树种运动

9月里，很多乔木和灌木的种子正在成熟。这时，对于苗圃的播种，以及水渠和池塘的绿化来说，采集更多的树种尤其重要。

相当多的乔木和灌木种子的采集最好在它们完全成熟的前夕进行，或在它们成熟后，在很短的期限内立即采集。尤其不能迟缓采集尖叶枫、橡树、西伯利亚落叶松的种子。

人们在9月份开始采集苹果树、野梨树、西伯利亚苹果树、红接骨木、皂荚树、荚莲、栗树（七叶树和板栗）、榛树（西洋榛子）、银柳胡颓子、醋柳、丁香、黑刺李和野蔷薇的种子，还可以采集在克里米亚和高加索常见的山茱萸的种子。

我们出了什么主意

我们全体人民正在忙一件极为美好的大事：植树造林。

我们也在过“植树节”。那是在春季，这一天成了名副其实的植树的节日。我们在集体农庄水塘的四周种了树，使它不会因阳光的照射而干涸。我们在高峻的河岸上也种满了树，以便加固陡岸。我们还绿化了学校的操场。经过一个夏季，所有这些树木都将生根、成长。

植树造林是一件很有意义的事情。不仅能够美化环境，还能起到增加山林资源、保护农田等作用。

下面是我们现在想到的事。

冬天，我们田间的道路都盖上了白雪。每年冬季都得砍伐整片整片的小云杉树林，插上枝条，将道路从雪地里区分出来。这样就在那里留下了标记，指示了方向，使人不至于在暴风雪天气迷路，陷进雪堆里。

干吗每年都要砍伐那么多树呢？最好在路的两旁一劳永逸地栽上永久性的活树，让它自由生长，保护道路不因积雪而消失，并指示路径。

我们决定就这么办。

我们在林边挖掘出小云杉，装入筐内运到路边。

我们在路边种满了小树，这些树都高高兴兴地在新地方生根成长。

驻林地记者　瓦涅·扎尼亚京

集体农庄新闻

H. M. 帕甫洛娃

选择良种母鸡

昨天在“突击队员”农庄的养鸡场里进行了选择良种母鸡的工作。人们用屏风把母鸡小心翼翼地赶往一个角落，捉住一只交到专家手里。

这时他双手捧着一只嘴巴长长、高高瘦瘦的母鸡。它长着一个缺乏

血色的小鸡冠，傻乎乎地睁着一对睡意蒙眬的眼睛："你干吗打扰我？"

专家把它交了回去，说道："这样的鸡我们不需要。"

于是，他抓住一只嘴巴短短、眼睛大大的母鸡。它的脑袋宽宽大大，鲜红的鸡冠歪向一边。它的双目炯炯有神。它挣扎着，叫着："放开我，马上放开我！没什么好赶来赶去的，也没什么好东抓西抓的，弄得我正经事干不了！你自己不会掏蚯蚓，又不让别人干！"

"这只好，"专家说，"让这只给咱们生蛋。"

原来为了生蛋，得挑选有生气、有活力、快乐的母鸡。

改变养殖地和名称

这些正在成长的鱼叫鲤鱼。春季里它们的母亲在一个浅浅的小水塘里产了卵。这些卵孵化出70万尾鱼苗。这个塘里没有其他种类的鱼，所以同一家族的鱼便开始在其中生活，有70万个兄弟姐妹。可是经过一个半星期后，它们在这儿已经感到拥挤了，所以它们被迁到一个度夏的大塘。鱼苗在这里成长，快到秋季时它们便被称为“幼鱼”了。

现在，幼鱼准备迁到越冬的塘里。经冬以后，它们就是有一年鱼龄的小鱼了。

狩猎纪事

开猎野兔

本报特派记者

猎人出行

和往常一样，报纸上公告10月15日开始对野兔捕猎。

火车站挤满了一群群猎人。他们带着狗，有些人甚至一条皮带上拴着两条或更多的狗。不过，这已经不是猎人夏季出猎时带的狗——不是追踪野禽的猎狗。

这些狗高大健壮，长着挺拔的长腿、沉甸甸的脑袋和一张狼嘴，粗硬的皮毛什么样的颜色都有。有黑色的，灰色的，棕色的，黄色的，还有紫红色的；有黑花斑的，黄花斑的，紫红花斑的，还有黄色、棕色、紫色中带着一块黑毛的。

这是些善跑的猎犬，有公的，也有母的。它们的工作是根据足迹找到野兽，把它从栖身之地赶出来，再吠叫着用声音不断地驱赶它，让猎人知道野兽往哪儿走了，绕什么样的圈儿。然后猎人站在野兽必经之路上，好迎面给它一枪。

在城市里养这么大型且性格暴躁的狗，是很难做到的。许多人出门干脆就不带狗。我们的猎队也一样。

我们乘火车去找塞索伊·塞索伊奇一起围猎野兔。

我们一共12个人，所以占据了车厢内的三个分格。所有乘客带着惊疑的表情看着我们的一个伙伴，笑眯眯地彼此窃窃私语。

确实有值得注意的理由，我们的伙伴是个大个子。他太胖了，有些门甚至走不过去。他体重150千克。

他不是猎人，但医生嘱咐他多走路。他是射击的一把好手，在靶场里他的射击成绩超过我们每个人。于是为了培养对走路的兴趣，他就跟着我们来打猎了。

围猎

傍晚，塞索伊·塞索伊奇在一个林区小车站接我们。我们在他家里宿夜，天一亮就出发去打猎。塞索伊·塞索伊奇约了20个农庄庄员来呐喊驱兽，我们闹闹嚷嚷的一大群人一起走着。

我们在林边停了下来。我把写有号码搓成卷儿的一张张小纸片放进帽子里。我们12个射手，每个人依次抓阄儿，谁抓着几号就是几号。

负责呐喊的人离开我们去往森林的那一边。塞索伊·塞索伊奇开始按号码把我们分布在宽广的林间通道上。

我抓到的是6号，胖子抓到了7号。塞索伊·塞索伊奇向我指点了我站立的位置后，就向新手交代围猎的规则：不能顺着射击路线的方向开枪，那样会打中相邻的射手；呐喊声接近时要中止射击；狍子不可打，因为是禁猎对象；等待信号。

胖子所在的位置离我大约60步。猎兔和猎熊不一样，现在就是把射手间的距离设在150步也可以。现在，塞索伊·塞索伊奇在射击路线上毫无顾忌地大声说话，他教训胖子的那些话我都能听见：

“您干吗往树丛里钻？这样开枪不方便。您要站在树丛边，就是这儿。兔子是在低处看的。您那两条腿——请原谅——就像您的胖身体。您要把它们分得开些，道理很简单，兔子会把它们当成树墩。”

分布好射手后，塞索伊·塞索伊奇跳上马，到森林的那一边去布置呐喊的人。

离行动开始还要等好久，我就四下里观察起来。

在我前方大约40步的地方，像墙壁一样耸立着落尽树叶的赤杨和山杨，树叶半落的白桦和黑油油、枝繁叶茂的云杉混杂在一起。也许从那里的树林深处，不久会有一只兔子穿过挺拔交错的树干组成的树阵，向我正面冲来。如果很走运的话，正好有一只森林巨鸟——雄松鸡会大驾光临。我会不会错失良机呢?

时光的流逝慢得像蜗牛爬行。胖子的自我感觉怎么样?

他把身体重心在两条腿上来回转移，大概他想把分开的双腿站得更像两个树墩……

突然，在寂静的森林后边响起了两声清晰、洪亮、悠长的猎人号角，那是塞索伊·塞索伊奇在指挥呐喊人排列的阵线朝我们这儿推进。他正在发信号。

胖子把两条胳膊整个抬了起来，双筒猎枪在他手里就如一根细细的拐杖。接着，他就僵滞不动了。

怪人！还早得很呢，他就摆起了姿势，手臂会疲劳的。

还听不见呐喊人的声音。

但是，这时已经有人开枪了——枪声来自右方，沿着排列的阵线传来，后来从左方又传来两声枪响。已经开始打枪了！可我这儿还什么动静也没有。

这时，胖子的双筒枪连发了两枪——砰！砰！这是对着黑琴鸡打的。它们在很高的地方飞，开枪也是白搭。

已经能听到呐喊人不太响的呼喊，用木棒敲击树干的声音，以及从两侧传来的哐啷哐啷声……但是，仍然没有任何动物向我飞来，也没有任何动物向我跑来！

到底来了！一样带点灰色的白东西在树干后面闪动——是一只还没有褪尽颜色的雪兔。

这是属于我的！哎呀，见鬼，它拐弯了！冲着胖子跳了过去……嗨，还磨蹭什么？打枪呀，打呀！

砰！

落空了！……

雪兔一个劲儿地直冲他跑去。

砰！

从兔子身上飞下一块白色的东西。失魂落魄的兔子冲到了胖子两条腿之间。胖子的腿一下子移了过去……

难道他要用腿去抓兔子？

雪兔滑了过去，"巨人"整个巨大的身躯平扑到了地上。

我笑得合不拢嘴。透过盈眶的泪珠，我一下子见到了两只从林子里出来跳到我前方的雪兔，但是我无法开枪。兔子沿着射击路线的方向溜进了森林。

胖子缓缓地跪着抬起身子，站了起来。他向我伸出大手，拿着一团毛茸茸的白色东西给我看。

我对他大声说："您没摔坏吧？"

"没事。毕竟还是从兔子身上拽下了一个尾巴！"

怪人！

枪声停止了。呐喊的人走出了森林，大家向胖子的方向走去。

"他站起来了吧，大叔？"

"站是站起来了，你看看他的肚子！"

"想着都叫你惊奇，这么胖！看样子他把周围所有的野味都塞进自己衣服里了，所以才这么胖。”

可怜的射手！以后城里谁还会相信这个射手呢，在我们的靶场里？

不过，塞索伊·塞索伊奇已经在催促我们到新的地点——田野去围猎了。

我们这一群闹闹嚷嚷的人沿着林间道路踏上归程。我们后面走着一辆马拉的大车，上面装着两次围猎所获的猎物，胖子也在车上。他累了，需要歇息了。

猎人们毫不留情地奚落他，不停地对他冷嘲热讽。

突然在森林上空，从道路拐角出现了一只黑色大鸟，个头儿抵得上两只黑琴鸡。它直接沿着道路飞过我们头顶。

大家都从肩头卸下了猎枪，森林里响起了惊天动地的激烈枪声。每个人都急于用仓促的射击打下这罕见的猎物。

黑鸟还在飞，它已飞到大车的上空。

胖子也举起了枪。双筒枪在他的双臂上犹如一根拐杖。

他开了枪。

这时，大家看到大黑鸟在空中令人难以置信地收拢了翅膀，飞行猛然中止，像块木头一样从高空坠落到路上。

“嘿，有两下子！”猎人中有人发出了惊叹，“看来他是打枪的一把好手。”

我们这些猎人都很尴尬，没有吭声。因为大家都开了枪，谁都看见了……

胖子捡起了雄松鸡——森林中长胡子的老公鸡，它的重量超过兔子。他拿着的猎物是我们中每个人都乐意用今天自己所有的猎物来换的。

对胖子的嘲笑结束了。大家甚至忘记了他用双腿抓兔子的情景。

天南地北

无线电通报

请注意！请注意！

圣彼得堡广播电台——《森林报》编辑部。

今天是9月22日，秋分[1]，我们继续播送来自我国各地的无线电通报。

我们向冻土带和原始森林、沙漠和高山、草原和海洋呼叫。

请告诉我们，现在，正当清秋时节，你们那里正在发生什么事。

请收听！请收听！

亚马尔半岛冻土带广播电台

我们这儿所有活动都结束了。山崖上，夏季还是熙熙攘攘的鸟类聚集地，如今再也听不到大呼小叫和尖声啁啾。那一伙鸣声悠扬的小鸟已经从我们这儿飞走。大雁、野鸭、海鸥和乌鸦也飞走了。这里一片寂静，只是偶尔传来可怕的骨头碰撞的声音，那是公鹿在用角打斗。

清晨的严寒还在8月份的时候就已经开始了。现在，所有水面都已封冻。捕鱼的帆船和机动船早已驶离。轮船还留在这里——沉重的破冰船在坚硬的冰原上艰难地为它们开辟前进的航道。

---

① 秋分　二十四节气之一，在9月22日、23日或24日。这一天，南北半球昼夜都一样长。

白昼越来越短。夜晚显得漫长、黑暗和寒冷。空中飘着雪花。

乌拉尔原始森林广播电台

一批批来客我们迎来了，送走了，又迎来了，又送走了。我们迎来了会唱歌的鸣禽，野鸭和大雁，它们从北方，从冻土带飞来我们这里。它们飞经我们这里，逗留的时间不长，今天有一群停下来休息、觅食，明天你一看，它们已经不在了。夜间它们已经不慌不忙地上路，继续前进了。

我们正为在这儿度夏的鸟类送行。这儿的候鸟大部分都已出发，跟随正在离去的太阳走上遥远的秋季旅程——去往温暖之乡过冬。

风儿从白桦、山杨、花楸树上刮落发黄、发红的树叶。落叶松呈现出一片金黄，它们柔软的针叶失去了绿油油的光泽。每天傍晚，原始森林中笨重的美髯公松鸡便飞上落叶松的枝头，黑魆魆地停在柔软的金黄色针叶丛里，将采食的针叶填满自己的嗉囊 。花尾榛鸡在黑暗的云杉叶丛间婉转啼鸣。许多红肚皮的雄灰雀和灰色的雌灰雀、马林果色的松雀、红脑袋的白腰朱顶雀、角百灵出现了。这些鸟也是从北方飞来的，不过不再继续南飞了，它们在这儿过得挺舒坦的。

田野变得空空荡荡，在晴朗的日子，在依稀感觉得到的微风的吹拂下，我们头顶上方飘扬着一根根纤细的蛛丝。到处都有三色堇在开着花，在灌木卫矛的树丛上，像一盏盏中国灯笼似的挂着美丽殷红的果实。

我们将要结束挖土豆的工作，在菜地里收起最后一茬蔬菜——大白菜。我们把大白菜储藏在地窖准备过冬。在原始森林里，我们采集雪松的松子。

小兽们不甘心落在我们后面。生活在地里的小松鼠——长着一根细尾巴、背部有五道鲜明的黑色斑纹的花鼠，往安在树桩下的洞穴里搬进许多雪松子，从菜园里偷取许多葵花籽，把自己的仓库囤得满满当当。红棕色的松鼠把蘑菇放在树枝上晾干，身上换上了浅蓝色毛皮。长尾林鼠、短尾田鼠、水鼮都用形形色色的谷粒囤满自己的地下粮库。身上有花斑的林中星鸦也把坚果拖来藏在树洞里或树根下，好在艰难的日子里糊口。

熊为自己物色了做洞穴的地方，用爪子在云杉树上剥下内皮，作为自己的卧具。

所有动物都在为越冬做准备，大家都在过着日常的劳动生活。

沙漠广播电台

我们这儿和春天一样，还是一派节日景象，过得热火朝天。

难熬的酷暑已经消退，下了几场雨，空气清新，远方景物清晰可见。草儿重新披上了翠绿，为逃避致命的夏季烈日而躲藏起来的动物又现了身影。

甲虫、苍蝇、蜘蛛从土里爬了出来。爪子纤细的黄鼠爬出了深邃的洞穴，跳鼠仿佛小巧的袋鼠，拖着很长很长的尾巴跳跃着前进。从夏眠中苏醒的草原红沙蛇又在捕食跳鼠了。出现了不知从哪儿来的猫头鹰、草原狐、沙狐和沙猫。健步如飞的羚羊也跑到了这里。这里有体态匀称、黑尾巴的鹅喉羚，有鼻梁凸起的高鼻羚，还飞来了各种鸟。

又像春季一样，沙漠不再是沙漠，上面满是绿色植物，生机勃勃。

我们仍继续征服沙漠的斗争。数百数千公顷土地将被防护林带覆盖。森林将保护耕地免遭沙漠热风的侵袭，并将流沙制服。

世界屋脊广播电台

我们帕米尔的山岭是如此高峻，有“世界屋脊”之称。这里有高达7000米以上的山峰，直耸云霄。

在我国，常有一下子既是夏季又是冬季的地方。夏季在山下，冬

季在山上。

可现在秋季到了。冬季开始从山顶、从云端下移，逼迫自己面前的生灵也自上而下转移。

最先从难以攀登的寒冷峭壁上的栖息地向下转移的是野山羊。它们在那里再也啃不到任何食物了，因为所有植物都被埋到了雪下，冻死了。

野绵羊也开始从自己的牧场向山下转移。

肥胖的旱獭也从高山草甸上消失了，可是夏天的时候，它们的数量是那么多。它们退到了地下。它们储存了越冬的食物，已吃得膘肥体壮，钻进了洞穴，用草把洞口堵得严严实实。

鹿、狍子沿山坡下到了更低的地方。野猪在胡桃树、黄连木和野杏树生长的林子里觅食。

山下的谷地里，幽深的峡谷里，突然间冒出了夏季在这里永远见不到的各种鸟类：角百灵、烟灰色的高山黄鹀、红尾鸲、神秘的蓝色鸟——高山鸫鸟。

如今一群群飞鸟从遥远的北国飞来这里，来到温暖之乡，有各种丰富食物的地方。

我们这儿，山下现在经常下雨。随着每一场连绵秋雨的降临，可以看出冬季正在越来越往下地向我们走来，山上已经大雪纷飞了。

田间正在采摘棉花，果园里正在采摘各种水果，山坡上正在收采胡桃。

一道道山口已盖满了难以通行的深厚积雪。

乌克兰草原广播电台

在匀整、平坦、被太阳晒得干枯的草原上，一个个生气蓬勃的圆球蹦蹦跳跳地飞速滚动着。它们飞到了你眼前，将你团团围住，砸到了你的双脚，但是一点儿也不痛，因为它们很轻。其实这些根本不是球，而是一种圆球形的草，是一根根向四面八方伸展的枯茎组成的球形物。就这样，它们蹦跳着飞速经过所有的土墩和岩石，落到了小山的后面。

这是风儿从根部刮走的一丛丛风滚草的毛毛，推着它们像轮子一样不断地向前滚，驱赶着它们在整个草原游荡，它们也一路撒下自己的种子。

眼看着燥热的风在草原上的游荡不久也将停止。苏联人民旨在保护土地而种植的防护林带已经巍然挺立。它们拯救了我们的庄稼，使其免遭旱灾。引自伏尔加河—顿河运河的一条条灌溉渠已经修筑竣工。

现在，我们这儿正当狩猎的最好季节。在沼泽地和水上生活的形形色色的野禽多得像乌云一样——有土生土长的，也有路经这里的，挤满了草原湖泊的芦苇荡。而在小山沟和未经刈割的草地里，密密麻麻地聚集着一群小小的肥壮鹌鹑。草原上还有很多兔子——尽是硕大的棕红色灰兔（我们这儿没有雪兔），还有很多狐狸和狼！只要你愿意，就端起猎枪打！只要你愿意，就把猎狗放出去！

城里的集市上有堆得像山一样的西瓜、甜瓜、苹果、梨子和李子。

我们来自全国各地的无线电通报到此结束

我们的下一次，也是最后一次通报在12月22日

公　告

请赶快将无人照看的小兔子养起来

现在，在森林里和田野里还可以用双手捉住小兔子，因为它们的脚还很短，跑得不太快。应当用牛奶喂它们，用鲜菜叶和其他蔬菜将它们驯养。

提醒

饲养的小兔子会使你们不感到寂寞无聊，所有的兔子都是极好的鼓手。白天小兔子安安静静地待在箱子里，可到了夜里只要它用爪子一敲打箱壁，准保你会醒过来！要知道兔子是夜间活动的动物。

请把窝棚搭起来

请在河边、湖边和海边搭起窝棚。在早霞和晚霞升起的时候钻进窝棚里，静静地在里面待着。守在窝棚里，在候鸟迁徙的季节可以看见许多有趣的事情：野鸭从水里爬出来，待在岸上，距离是那么近，甚至可以看清每一片羽毛；鹬在四周穿梭往来；潜水鸟在不远处一面扎猛子，一面游来游去；苍鹭飞来这里，停在旁边。你还能见到夏季我们这里不常见的各种鸟类。

No.8

(秋季第二月)

10月21日至11月20日太阳进入天蝎宫

МЕСЯЦ ПОЛНЫХ КЛАДОВЫХ

仓满粮足月

一年——分十二个月谱写的太阳诗章

10月——落叶、泥泞、准备越冬的时节。

扫荡残叶的秋风刮尽了林木上最后的枯枝败叶。秋雨绵绵。停栖在围墙上的一只湿漉漉的乌鸦感到寂寞无聊。它也很快要踏上旅途。在这儿度过夏天的乌鸦已在不知不觉中成群结队地向南方迁徙，同样在不知不觉中取代它们的是在北方出生的乌鸦。原来乌鸦也是一种候鸟。在遥远的北方，乌鸦是最先飞临的候鸟，犹如我们这儿的白嘴鸦，也是最后飞离的候鸟。

秋季在做完第一件事——给森林脱去衣装以后，就着手做第二件事，将水冷却再冷却。每到早晨，水洼越来越频繁地被脆弱的薄冰覆盖。河水和空气一样，已经没有了生气。夏季在水面上显得鲜艳夺目的那些花朵，早就把自己的种子坠入水底，把自己长长的花柄伸到了水下。鱼儿钻进了河底的深坑里，在水不会结冰的地方过冬。长着柔软尾巴的北螈在水塘里度过了整个夏季，现在爬出水面，爬到旱地里，在树根下随便哪儿的苔藓里过冬。静止的水面

冷血动物没有固定体温，体温会随着外界气温的高低而改变。在冬天，冷血动物并没有足够的热量来源，因此需要冬眠减少能量消耗。

已经结冰。

旱地的冷血动物也冷却了。昆虫、老鼠、蜘蛛、多足纲生物都不知在哪儿躲藏了起来。蛇钻进了干燥的坑里，彼此缠在一起，身体开始徐徐冷却。青蛙钻进了淤泥，小蜥蜴躲进了树墩上脱开的树皮里——在那里昏昏睡去……野兽呢，有的换上了暖和的毛皮大衣，有的在洞穴里构筑自己的粮仓，有的为自己营造洞天。都在做准备……

在阴雨连绵的秋季，室外有七种天气现象：细雨纷纷，微风轻拂，风折大树，天昏地暗，北风呼啸，大雨倾盆，雪花卷地。

林间纪事

准备越冬

严寒还没那么凶，可是马虎不得。一旦它降临，土地和河水刹那间就会结冰封冻。到那时，你上哪儿弄吃的去？你到哪儿去藏身？

森林里每一种动物都有自己准备越冬的办法。

有的到了一定时候就张开翅膀远走高飞，避开了饥饿和寒冷。有的则留在原地，抓紧时间充实自己的粮仓，贮备日后的食物。

尤其卖力搬运食物的是短尾巴的田鼠。许多田鼠直接在禾垛里和粮垛下面挖掘自己越冬的洞穴，每天夜里从那里偷窃谷物。

通向洞穴的通道有五六条，每一条通道都有入口。地下有一个卧室，还有几个粮仓。

冬季，只有在最寒冷的时候，田鼠才开始冬眠，所以它们要储备大量的粮食。有些洞穴里已经贮存了四五千克的上等谷物。

小的啮齿动物在粮田里大肆偷窃，应当防止它们偷盗快到手的粮食。

哪种植物及时做了什么

一棵枝叶扶疏的椴树像一个浅棕红色的斑点，在雪地里十分显眼。棕红的颜色并非来自它的树叶，而是来自附着在果实上的翅状叶舌。椴树的所有大小枝头都挂满了这种翅状果实。

不过，这样装点的并非椴树一种植物。就说高大的树木山杨吧，在它上头挂了多少干燥的果实啊！细细长长、密密麻麻的一串串果实挂在枝头，犹如一串串豆荚。

但是，最美丽的恐怕要数花楸了。它上面到现在还保留着沉甸甸的一串串鲜艳的浆果。在小檗这种灌木上面，依然能看见它的浆果。

灌木卫矛上仍然点缀着迷人的果实，看起来和有着黄色花蕊的玫瑰色花朵一模一样。

现在，还有多少种树木没有来得及在冬季之前安排好自己的后代啊。

就连白桦树的枝头也还看得见它那干燥的葇荑花序，其中隐藏着翅状果实。

赤杨的黑色球果尚未落尽。但是，白桦和赤杨及时为春季的来临做好了准备——挂上了葇荑花序。等到春天来临，那些花序就伸展起来，推开鳞状小片，绽放出花朵。

榛树也有葇荑花序，粗粗的，灰褐色，每一根枝条上有两对。榛树上早就找不到榛子了。它什么都及时做好了，不仅和自己的子女告了别，还为迎接春天做好了准备。

H. M. 帕甫洛娃

松鼠的干燥场

松鼠从自己筑在树上的多个圆形窝里拨出一个用作仓库。它在那里存放坚果和球果。

此外，松鼠还采蘑菇——牛肝菌和鳞皮牛肝菌。它把它们插在松树细细的断枝上风干。冬季它就在树枝上游荡，用干燥的蘑菇充饥。

活粮仓

姬蜂为自己的幼虫找到了极好的仓库。它有飞得很快的翅膀，长在向上翘的胡须下面的一双锐利的眼睛。很细的腰部分隔了它的胸部和腹部，在腹部末端有一根长长、直直、细细的像针一样的刺。

夏季，姬蜂找到一条大而粗的蝴蝶幼虫，就向它发起攻击，停到它身上，把锐利的刺扎进它皮里。姬蜂用刺在幼虫身上开了一个小孔，并在这个小孔里产下自己的卵。

姬蜂飞走了，蝴蝶的幼虫不久也从惊吓中恢复了元气。它又开始吃树叶。到秋季来临，它就做个茧子把自己包起来，化作了蛹。

就在这时，在蛹的体内，蜂卵孵化成了幼虫。身居坚韧的茧内，幼虫感到温暖、安定，食物够它吃一年。

当夏季再度来临，蝶蛹的茧子打开了，但是从中飞出的不是蝴蝶，而是干瘦强健、身躯坚硬、身披黑黄红三色的姬蜂。这可是我们的朋友，因为它消灭害虫。

本身就是一座粮仓

许多野兽并不为自己修筑任何专门的粮仓。它们本身就是一座粮仓。

在秋季里它们不停地大嚼饱餐，吃得身胖体粗，肥得不能再肥，于是一切营养都在这里了。

脂肪就是储存的食物。它形成厚厚的一层沉积于皮下，当动物没有食物时，脂肪就渗透到血液里，犹如食物被肠壁吸收一样。血液则把营养带到全身。这么做的有熊、獾、蝙蝠和其他在整个冬季沉沉酣睡的所有大小兽类。它们把肚子塞得满满的，就去睡觉了。

而且，它们的脂肪还能保暖，不让寒气透过。

红胸脯的小鸟

夏天有一次我在林子里走，听到稠密的草丛里有东西在跑。起先我打了个哆嗦，接着开始四下里仔细地张望。我发现，一只小鸟被困在了草丛里。它个头儿不大，本身是灰色的，胸脯是红色的。我捧起这只小鸟，就把它往家里带。我得到这只鸟太高兴了，连脚踩在哪儿都感觉不到。

在家里我给它喂了点儿东西，它吃了点儿，显得高兴起来。我给它做了个笼子，捉来小虫子喂它。整个秋季它都住在我家。

有一次我出去玩儿，没关好笼子，我的猫就把我的小鸟吃了。

我非常喜欢这只小鸟。我为此还哭鼻子了，但是没有办法。

驻林地记者　格·奥斯塔宁

令人捉摸不透的星鸦

我们这儿有一种乌鸦，体形比一般的乌鸦小，全身都有花点。我们这儿把它们称为星鸦，在西伯利亚则称为松鸦。

它们采集过冬吃的球果，藏在树洞里和树根下。

冬季里星鸦居无定所，从一处转到另一处，从一个森林转到另一个森林。迁移过程中，它们就使用这些贮备的食物。

它们使用的是自己的贮备吗？事情是这样的，每一只星鸦所享用的都不是自己储藏的食物，而是自己的同族储藏的。它来到自己平生从未到过的一个树林，就立刻开始寻找另外的星鸦贮备的食物。它向每一个树洞里窥探，在里面找寻球果。

它到树洞里找食物还好理解。可是星鸦在冬天怎么找寻别的星鸦藏在树木和灌木丛根下的球果呢？要知道整个大地已经被白雪覆盖了！但是星鸦飞到一丛灌木前，扒开下面的积雪，总是能准确无误地找到其他星鸦的贮备。它怎么知道生长在周围的成千上万棵灌木丛和大树中恰恰在这丛灌木下藏有球果呢？

这 点我们还不得而知。

要弄清星鸦在一模一样的覆盖物下面寻找并非自己储藏的食物时究竟依靠的是什么，得琢磨琢磨它的奥妙经验。

害怕

树木落尽了叶子，森林显得稀疏起来。

林中的一只小雪兔趴在一丛灌木下，身子紧贴着地面，只有一双眼睛在扫视着四面八方。它心里害怕得很。周围传来窸窸窣窣、噼里

啪啦的声音。可别是鹞鹰的翅膀在树枝间扇动？莫不是狐狸的爪子在落叶上簌簌走动？这只兔子正在变白，全身开始长出一个个白色斑点。再等等，等到下雪就好了！周围是那么亮，林子里变得色彩很丰富，满地都是黄色、红色、褐色的落叶。

要是突然出现猎人怎么办？

跳起来？逃跑？怎么逃？脚下的干叶像铁一样发出很响的声音。自己的脚步声就会吓得你魂飞魄散！

于是，兔子在树丛下缩紧着身子贴住地面的苔藓趴着，它紧挨着一个桦树墩，趴着，躲着，一动也不动，只有一双眼睛扫视着四方。

它心里害怕极了……

鸟类飞往越冬地

并非如此简单

看起来这似乎是再简单不过的事。既然长着翅膀，想什么时候飞，飞往什么地方，那就飞呗。这儿已经又冷又饿，于是振翅上天，稍稍往比较温暖的南边挪动一下。如果那里又变冷了，就再飞远点儿。就在首先飞到的地方越冬吧，只要那里的气候适合你，还有充足的食物。

可事实并非如此。不知为什么我们的朱雀一直要飞到印度，而西伯利亚的燕隼却要飞越印度和几十个适宜越冬的炎热国家，直至澳大利亚。

这就表明，驱使我们的候鸟飞越崇山峻岭，飞越浩瀚海洋而去往遥远国度的，并非单纯是饥饿和寒冷这一简单的原因，而是鸟类身上不知来自何处的某种不容违拗、无法抑制的感情。不过……

众所周知，我国大部分地区在远古时代不止一次遭遇过冰川的侵袭。冰海以汹涌澎湃之势徐徐地淹没了我国所有广袤的平原，经历数百年的徐徐退缩后又卷土重来，将所有生命都埋葬在自己身下。

鸟类因翅膀而获救。首先飞离的那些鸟类占据了冰川最边缘的海岸，随后动身的飞往较远的地方，再飞往更远的地方，仿佛在做着跳背游戏似的。当冰川之海开始退缩时，被它逼离自己生息之地的鸟类便急忙返程，飞回故乡。最先飞回的是当初飞往不远处的那些鸟类，然后是随之而行的那些，最后是飞得最远的那些——跳背游戏按相反的顺序进行。这个游戏进程极其缓慢，要经历数千年的时间！在如此漫长的时间间隔之中，完全可以形成鸟类的一种习性：秋季，当寒流降临之时，飞离自己栖息之地，待到来年春回之时，与阳光一起重返故地。这样的习性一旦形成，便如常言所谓，沁入了“身体和血液”，长留不离了。所以候鸟每年要自北而南迁徙。这种观点被这样的事实所证明：在地球上未曾发生过冰川的地方，几乎没有鸟类大规模迁徙的现象。

其他原因

然而鸟类在秋季并非只飞往南方的温暖之乡，而是飞往其他各个方向，甚至飞往最寒冷的北方。

有些鸟类飞离我们仅仅是因为当大地被深厚的积雪覆盖，水面被坚冰所封的时候，它们正在失去聊以果腹的食物。一旦积雪消融，大地初露，我们的白嘴鸦、椋鸟、云雀便应时而至了！一旦江河湖泊初现融冰的水面，鸥鸟、野鸭也应时而至了。

绒鸭无论如何不会留在坎达拉克沙自然保护区，因为白海在冬季被厚厚的冰覆盖了。它们常常被迫往北方迁移，因为那里有墨西哥湾暖流经过，整个冬季海水不冻。

假如你在仲冬时节乘车从莫斯科向南旅行，那你很快——那已经是在乌克兰境内了——会见到白嘴鸦、云雀和椋鸟。与被认为是在我们这儿定居的那些鸟——山雀、红腹灰雀、黄雀相比，这些鸟只不过稍稍往远处挪了挪地方。因为许多定居的鸟类也不老是待在一个地方，而是迁移的。除非是城里的麻雀、寒鸦和鸽子，或森林和田野里的野鸡，长年在一个地方居住，其余的鸟类都是有的往近处移栖，有的往稍远的地方移栖。那么，现在如何确定哪一种鸟是真正的候鸟，哪一种只不过是移栖鸟呢？

就说朱雀，这种红色的金丝雀吧，你可别说它是移栖鸟，还有黄莺也一样。朱雀飞往印度，黄莺则飞往非洲过冬。它们似乎并非如大多数鸟类那样是由于冰川的推进和退缩而成为候鸟的。这里似乎另有原因。

请你看看朱雀，看看它的公鸟，似乎就是一只麻雀，但是脑袋和胸脯是那么红艳，简直叫你惊叹！还有更令人惊诧的，那是黄莺。全身金红，除了一对黑翅膀。你不由得会想："这些小鸟怎么打扮得这么鲜艳靓丽！……在我们北方它们该不会是来自异国他乡的鸟吧，不会是远自炎热国度的异域来客吧？"

可能，非常可能就是这么回事！黄莺是典型的非洲鸟类，朱雀则是印度鸟类。也许情况是这样的，这些种类的鸟曾有过迁徙的经历，它们的年轻一代被迫为自己寻找能生活和生儿育女的新地方。于是它们开始向北方迁移，那里的鸟类住得不那么拥挤。夏季那里不冷，即使新生赤裸的小鸟也不会挨冻。而等到无以果腹、天气寒冷的时候，它们可以往回迁移到故乡。这个时候也已孵出了小鸟，它们成群结队、和睦融洽地一起生活。它们不会驱逐自己的同族！到了春天，又飞回北方。就这样来来往往，往往来来，经历了千秋万代！

这样迁徙的路线就形成了。黄莺向北，越过地中海飞向欧洲；朱雀自印度向北，越过阿尔泰山和西伯利亚，然后向西，越过乌拉尔山继续向西飞。

关于某些鸟类通过逐步获得新栖息地的途径形成迁徙习性的观点，可以从下面的事实得到证明。比如朱雀可以说是在最近几十年内，直接在我们眼皮底下越来越远地向西迁徙的，直至波罗的海沿岸，却依然飞回到自己的故乡印度越冬。

有关候鸟迁徙成因的这些假设，向我们做出了某种解说。然而，有关候鸟迁徙的问题依旧是未解之谜。

我们正在揭开谜底，但秘密依旧

我们关于鸟类迁徙成因的推测也许是对的，但如何解释下列问题呢？

1.鸟类如何辨认自己数千俄里的迁徙之路？

我们曾认为每一群秋季飞离的候鸟会有老鸟，即使只有一只，带领所有年轻的鸟沿着它清楚记得的路线从栖息地飞往越冬地。现在却得到准确的证明，在今年夏季才在我们这儿孵出的年轻鸟群中，一只老鸟也没有。有些种类的鸟，年轻的鸟比老鸟先飞走，另一些鸟老的比年轻的先飞走。然而，无论如何年轻的鸟总是准确无误如期到达越冬地。

令人诧异的是，在即使很小的一只老鸟的小小脑子里，也能装下数百上千俄里的路程，而仅仅在两三个月前才降生于世、对这条路途上的任何事物都未曾见过的小鸟，已经能独自认识这条道路，这简直不是智力所能企及的。

就以泽列诺戈尔斯克的那只小杜鹃为例吧。它是怎么找到杜鹃在南部非洲的越冬地的？所有老杜鹃比它早一个月就从我们这儿飞走了，没有谁给它指路。杜鹃是孤身独处的鸟类，从来都不成群，即使在迁徙途中也是如此。养育小杜鹃的是红胸鸲，一种飞往高加索过冬的鸟类。小杜鹃怎么会出现在南非洲的，而且正好在地球上我们北方的杜鹃世世代代越冬的地方，然后又回到它被孵化出壳并被红胸鸲喂大的窝里？

2.年轻的鸟何以得知它们究竟应当飞往何处越冬的？

对于鸟类的这个奥秘，《森林报》的读者实在应当思索一番，但愿你们的孩子不用再来考虑这个问题。

为了解决这些问题，首先得排除“本能”之类令人费解的词汇，应当琢磨出数以千计充满睿智的经验，从而清晰地探明鸟类大脑与人类大脑的区别。

农庄纪事

拖拉机不再嗒嗒作响。各个农庄的亚麻选种已经完成。运送亚麻的最后一批大车队正向火车站驶去。

现在，农庄庄员们考虑的是来年的收成，考虑采用专业育种站为国内各农庄培育黑麦和小麦新良种。大田作业已经不多，更多的是在家的工作。庄员们全副心思对付院子里的牲畜，得把农庄的牛羊群赶进畜栏，把马匹赶进马厩。

田间变得空空荡荡。一群群灰色的山鹑更近地向人的居住地聚集。它们在谷仓边过夜，甚至飞进了村里。

对山鹑的狩猎活动已经结束。有猎枪的庄员现在开始为打兔子而奔忙了。

集体农庄新闻

H. M. 帕甫洛娃

昨日

“胜利”集体农庄禽舍的电灯亮了。白昼变得短起来，所以庄员们决定每晚给禽舍照明，使鸡可以有较长时间走动和啄食。

鸡都很兴奋。电灯一亮，它们立即起身洗起了灰浴。最好斗的一只公鸡向一边歪着脑袋，用右眼望着灯泡，叫道：

“咯，咯！喔，要是稍稍挂低些，我可要用嘴来啄你啦！”

发自“新生活”农庄的报道

园艺队正忙于给苹果树换装，需要给它们清理并换上新装。因为苹果树身上除了灰绿色胸针——地衣，什么也没有穿戴。庄员们从苹果树身上剥除了这些装饰，因为那里隐藏着害虫。树干和下层的枝丫用石灰水刷白，使它们再也不会附上昆虫，免得被阳光灼伤，被严寒冻伤。现在，苹果树穿着雪白的衣装好看极了。难怪队长开玩笑说：“我们在节日就要来到的时候给苹果树这么打扮可不是无缘无故的。我要带着这些美女去游行呢。”

晚秋播种

在“劳动者”集体农庄，蔬菜队正在地里播种莴苣、洋葱、胡萝卜和香芹菜。种子落到了寒冷的土里，如果相信队长孙女说的话，它们对此一定很不乐意。孙女说她听到种子在大声抱怨：“不管你播不播种，反正在这么冷的地方咱们是不发芽的！既然你们喜欢这么做，自个儿发芽去吧！”

不过，种蔬菜的人这么晚播下这些种子就是为了让它们秋季不发芽。

因为这样做它们到春季就会很早发芽，提早成熟。较早收获莴苣、洋葱、胡萝卜和香芹菜，这可是赏心乐事啊。

农庄里的园林周

在俄罗斯联邦的各州、边疆区和共和国，开始推行园林周活动。苗圃里培育了大量供栽种的材料。在俄罗斯联邦的集体农庄里，正在开辟数千公顷的新果园和浆果园。数百万株苹果、梨和别的果树将被种植在集体农庄庄员、工人和职员住宅旁的自种园地里。

塔斯社圣彼得堡讯

都市新闻

动物园里的消息

兽类和禽类从夏季的露天场所迁到了越冬用的住所。它们的笼子被暖气烘得暖暖的。所以任何一头野兽都没有打算进入长久的冬眠状态。

园子里的鸟没有离开鸟笼飞往任何地方，而是在一天之内从寒冷的国度进入了炎热的国家。

赶紧去见识见识

涅瓦河上的施密特中尉桥边，彼得保罗要塞附近，还有别的一些地方，最令人惊奇的各种体形和颜色的野鸭已经待了几个星期了。

这里有像乌鸦一样黑的黑海番鸭，鼻梁凸起、翅膀上有白花纹的海番鸭，色彩斑斓、尾巴像伞骨一样撑开的长尾鸭，还有黑白相间的鹊鸭。

它们对城市的喧嚣无所畏惧。即使载货的黑色拖轮用铁质船头破浪而进，向着它们笔直冲来的时候，它们也无所畏惧。它们一个猛子扎进水里，又重新出现在离刚才的地方几十米远的水上。

这些潜鸭都是迢迢海途上的过客。它们一年两度做客圣彼得堡——春季和秋季。当来自拉多加湖的冰开始向涅瓦河走来时，它们消失了。

狩猎纪事

地下格斗

离我们农庄不远的森林里有一个有名的獾洞，这是一个百年老洞。所谓“獾洞”不过是口头叫叫而已，其实它甚至不能称为洞，而是被许多代獾纵横交错地挖空的整座小丘。这是獾的整个地下交通网。

塞索伊·塞索伊奇指给我看了这个“洞”。我仔细察看了这座小丘，数出它有63个进出口。而且在灌木丛里，小丘下还有一些看不见的出口。

一看便知，在这个广袤的地下藏身之所居住的并非仅仅是獾，因为在有些入口旁边密密麻麻地爬满了葬甲虫、粪金龟子、食尸虫。它们在堆积于此的母鸡、黑琴鸡、花尾榛鸡的骨头上和长长的兔子脊梁骨上操劳忙碌。獾不做这样的事，也不捕食母鸡和兔子。它有洁癖，自己吃剩的残渣或别的脏东西从来不丢弃在洞里或洞边。

兔子、野禽和母鸡的骨头泄露了狐狸家族在这里和獾比邻而居的秘密。

有些洞被挖开了，成为名副其实的壕堑。

“都是猎人做的好事，”塞索伊·塞索伊奇解说道，“不过他们是枉费心机，狐狸和獾的幼崽已经从地下溜走了。在这里是无论如何也挖不到它们的。”

他沉默了一会儿后，又补充说：“现在，让我们试试用烟把洞里的动物从这儿熏出来！”

第二天早上，塞索伊·塞索伊奇和我，还有一个小伙儿来到小丘边。塞索伊·塞索伊奇一路上和他开玩笑，一会儿叫他“烧锅炉的”，一会儿又叫他“司炉”。

我们三个人忙活了好久，除了小丘下面的一个和上面的两个口子，所有通往地下的口子都堵住了。我们拖来许多枯枝、苔藓和云杉枝条，堆到下面的一个洞口。

我和塞索伊·塞索伊奇各自在小丘上面的一个出口边的灌木丛后面站定。“烧锅炉的”小伙儿在入口边烧起一个火堆。待火烧旺，他就往上面加云杉枝条。呛人的浓烟升了起来。不久烟就引向了洞里，就像进入了烟囱似的。

当烟从上面的出口冒出来时，我们两个射手守在自己埋伏的地方感到焦躁不安。说不定机灵的狐狸先跳出来，或者肥胖而笨拙的獾先冒出来。说不定它们在地下已经被烟熏得眼睛痛了。但是，躲在洞穴里的野兽是很有耐心的。

眼看着树丛后面塞索伊·塞索伊奇身边升起了一小股烟，不一会儿我身边也开始冒烟。

现在，已经不必等多久了。马上会有一头野兽打着喷嚏和响鼻蹿出来，更确切地说是蹿出几头野兽，一头接着一头。猎枪已经抵在肩头，千万别漏过了机灵的狐狸。

烟越来越浓，已经一团团地滚滚涌出，在树丛间扩散。我也被熏得眼睛生疼，泪水直淌——如果你漏过了野兽，那么正好是在你眨眼睛抹眼泪的时候。但是，仍然不见野兽出现。

举枪抵住肩头的双手已经疲乏，我放下了枪。

等啊等，小伙儿还在一个劲儿地往火堆里扔枯枝和云杉枝条。但是，仍然不见有一头野兽蹿出来。

“你以为它们都闷死啦？”回来的路上，塞索伊·塞索伊奇说，“不是，老弟，它们才不会闷死呢！烟在洞里可是往上升的，它们却钻到了更深的地方。谁知道它们在那里挖得有多深。”

这次失手使小个儿的大胡子情绪十分低落。为了安慰他，我便说起了达克斯狗和硬毛的狐狗，那是两种很凶的狗，会钻洞去抓獾和狐狸。塞索伊·塞索伊奇突然兴奋起来：“你去弄一条这样的狗来，不管你想怎么弄，得去弄来。”我只好答应去弄弄看。

这以后不久我去了圣彼得堡，在那里我突然走了运，一位我熟悉的猎人把他心爱的一条达克斯狗借给我用一段时间。

当我回到乡下，把狗带给塞索伊·塞索伊奇看时，他甚至大为光火：“你怎么，想拿我开涮？这么一只老鼠样的东西不要说公狐狸，就是狐狸崽子也会把它咬死再吐掉。”

塞索伊·塞索伊奇本人个子非常矮小，为此常觉得委屈，所以对别的小个子，即便是狗，都不以为然。

达克斯狗的样子确实可笑，小个儿，矮矮长长的身子，四条腿弯曲得像脱了臼。但是这条其貌不扬的小狗露出坚固的犬牙，冲着无意间向它伸出手去的塞索伊·塞索伊奇凶狠地吠叫起来，意外地用力向他扑去的时候，塞索伊·塞索伊奇急忙跳开，只说了一句话：“瞧你！好凶的家伙！”说完就不吭声了。

我们刚走近小丘，小狗就怒不可遏地向洞口冲去，险些把我的手拉脱了臼。我刚把它从皮带上放下，它就已经钻进黑乎乎的洞穴不见了。

人类按自己的要求培育出了十分奇特的狗的品种，而达克斯狗这种小巧的地下猎犬也许是最奇特的品种之一。它的整个身躯狭窄得像貂一样，没有比它更适合在洞穴中爬行的了。弯曲的爪子能很好地抓挖泥土，牢牢地稳住身体。狭而长的三角形脑袋便于抓住猎物，能一口致命。站在洞口等待受过良好训练的家犬和林中野兽在黑暗的地下血腥厮打的结果，我仍然觉得有点儿心里发毛。要是小狗进了洞回不来，那怎么办？到时我有何脸面去见失去爱犬的主人？

追捕行动正在地下进行。尽管厚厚的土层会使声音变轻，响亮的狗吠声依然传到了我们耳边。听起来追捕的叫声来自远处，不在我们脚下。

然而，听到狗叫声变近了，听起来更清楚了。那声音因狂怒而显得嘶哑。声音更近了……突然又变远了。

我和塞索伊·塞索伊奇站在小丘上面，双手紧握起不了作用的猎枪，握得手指都痛了。狗吠声有时从一个洞里传来，有时从另一个洞里传来，有时从第三个洞里传来。

突然，声音中断了。我知道这意味着什么。小小的猎犬在黑暗通道内的某个地方追着了野兽，和它厮打在一起了。

这时我才突然想起，在放狗进洞前我该考虑到的一件事。猎人如果用这种方式打猎，通常在出发时要带上铲子，只要敌对双方在地下一开打，就得赶快在它们上方挖土，以便在达克斯狗处境不好时能助它一臂之力。当战斗在靠近地表下方的某一个地方进行时，这个方法就可以用上了。不过，在这个连烟也不可能把野兽熏出来的深洞里，就甭想对猎犬有所帮助了。

我干了什么好事呀！达克斯狗肯定会在那个深洞里送命。也许它在那里不得不进行的厮打中，要对付的甚至不只一头野兽。

忽然，又传来了低沉的狗吠声。但是我还来不及得意，它又不叫了——这回可彻底完了。

我和塞索伊·塞索伊奇久久伫立在英勇猎犬无声的坟丘上。

我不敢离开。塞索伊·塞索伊奇首先开了腔："老弟，我和你干了件蠢事。看来，猎狗遇上了一头老的公狐狸或者老的雅兹符克。"我们那儿管獾叫"雅兹符克"。

塞索伊·塞索伊奇迟疑了一下又说道："怎么样，走？要不再等上一会儿？"

地下传来了出乎意料的沙沙声。洞口露出了尖尖的黑尾巴，接着是弯曲的后腿和达克斯狗艰难地移动着的整个细长的身躯，身上满是泥污和血迹！我高兴得向它猛扑过去，抓住它的身体，开始把它往外拉。

随着狗从黑洞里露出的，是一头肥胖的老獾。它毫不动弹。达克斯狗死命地咬住它的后颈，凶狠地摇撼着。它还久久不愿放开自己的死敌，似乎在担心它死而复生。

本报特派记者

公　告

人人能做的事

归还被啮齿动物从田里盗窃的上等粮食。为此只要学会找寻并开挖田鼠的洞穴。

本期《森林报》报道了这些害兽从我们的田间偷盗了多少精选谷物，充实到它们自己的粮仓。

请别惊扰

我们为自己准备了越冬的居室，并将在此睡到开春。

我们没有打搅你们，所以请你们也让我们安安稳稳地休息。

熊、獾、蝙蝠

(秋季第三月)

11月21日至12月20日太阳进入人马宫

МЕСЯЦ ЗИМНИХ ГОСТЕЙ

冬季客至月

一年——分十二个月谱写的太阳诗章

11月——通往冬季的半途。11月是9月的孙子，10月的儿子，12月的亲兄弟。11月是带着钉子来的，12月是带着桥梁来的。你骑着花斑马出门，一忽儿遇到雪花纷飞，一忽儿遇到雨水泥泞，一忽儿又是雨水泥泞，一忽儿又是雪花纷飞。铁匠铺子虽然不大，但里面在锻造封闭全俄罗斯的枷锁：水塘和湖泊已经表面结冰。

现在，秋季正在完成它的第三件伟业：先脱去森林的衣装，给水面套上枷锁，再给大地罩上白雪的盖布。森林里不再舒适，挺立的林木遭受秋雨无情的鞭打以后，被脱光了衣衫，浑身发黑。河面的封冰寒光闪闪，但是假如你探步走到上面，脚下便发出清脆的碎响，你便坠入冰冷的水中。撒满积雪的大地上一切秋播作物都停止了生长。

然而，这并非冬季已然降临，这只是冬季的前兆。偶尔还会露出阳光灿烂的日子。嘿，你看，万物见到阳光是多么兴高采烈！你看到，那里从树根下爬出了黑黢黢的小蚊子和小苍蝇，它们飞到了空中。这时脚边会开出金色的蒲公英花和金色的款冬花——那可是春季的花朵啊！积雪化了……然而树林已深深沉沉地入睡，凝滞不动，直至春天，什么感觉也没有。

现在，采伐木材的时节开始了。

林间纪事

不会让森林变得死气沉沉

凛冽的寒风在森林里作威作福。叶子被吹尽的白桦、山杨、赤杨在风中摇曳，吱吱作响。最后的一批候鸟正在匆匆地飞离故土。

夏季在我们这儿生息繁衍的鸟类还没有全部飞走，冬季的来客却已光临我们的大地。

每一种鸟类都有自己的口味、自己的习惯：有的飞往他乡越冬——到高加索、外高加索、意大利、埃及和印度，有的宁愿在我们圣彼得堡州过冬。在我们这儿，它们觉得冬季挺暖和，也有充足的食物。

北方来客

这是我们冬季的来客——来自遥远北方的小小鸣禽。这里有小小的红胸红头的白腰朱顶雀，有烟蓝色的凤头太平鸟，它的翅膀上长着五根像手指一样的红色羽毛，还有深红色的蜂虎鸟，以及交嘴鸟——母鸟是绿的，公鸟是红的。这里还有金绿色的黄雀，黄羽毛的红额金翅雀，身体肥胖、胸脯鲜红丰满的红腹灰雀。我们这儿的黄雀、红额金翅雀和红腹灰雀已经飞往较为温暖的南方。而这些鸟是在北方筑巢安家的，现在那里是如此寒冷的冰雪世界。在它们看来，我们这里已是温暖之乡了。

黄雀和白腰朱顶雀以赤杨和白桦的种子为食。凤头太平鸟、红腹灰雀则以花楸和其他树木的浆果为食。红喙的交嘴鸟啄食松树和云杉的球果，所以大家都吃得饱饱的。

东方来客

低低的柳丛上突然开满了茂盛的白色玫瑰花。白色玫瑰花在树丛间飞来飞去，在枝头转来转去，有抓力的黑色的细长脚爪爬遍了各处。像花瓣似的白色羽翼在闪动，轻盈悦耳的歌喉在空中啼啭。这是云雀和白色的青山雀。

它们并不来自北方，它们经过乌拉尔山区，从东方暴风雪肆虐、严寒彻骨的西伯利亚辗转来到我们这里。那里早已是寒冬腊月，厚厚的积雪盖满了低矮的杞柳。

该睡觉了

布满天空的灰色云层遮住了太阳，天空中纷纷扬扬落下灰蒙蒙的湿雪。

肥胖的獾气呼呼地打着响鼻，摇摇摆摆地走向自己的洞穴。它满

肚子不高兴，林子里又湿又泥泞。该下到地下更深的所在，到那干燥、清洁、铺着沙子的洞穴里。该躺下睡觉了。

森林中，羽毛蓬松的乌鸦——北噪鸦在密林里厮打，闪动着颜色像咖啡渣的、湿漉漉的羽毛，发出尖厉的哇哇声。

一只老乌鸦从高处低沉地叫了一声，因为它看见了远处的动物死尸。它那蓝黑色的翅膀一闪，飞走了。

森林里静悄悄的。灰蒙蒙的雪花沉甸甸地落到发黑的树上，落到褐色的地面上。落叶正在地面上腐烂。

雪下得越来越密，下起了鹅毛大雪，飘落到发黑的树枝上，盖满了大地……

在严寒的笼罩下，流经我们州的河流一条接一条地结了冰：沃尔霍夫河、斯维里河、涅瓦河。最后连芬兰湾也结了冰。

摘自少年自然界研究者的日记

最后一次飞行

在11月的最后几天，当皑皑白雪完全覆盖大地的时候，突然刮起了一股暖风。但是，积雪并没有开始消融。

清早我出去散步，一路上看见灌木丛里、树木之间、雪地上到处飞舞着黑色的小蚊子。它们疲惫无力、无可奈何地飞舞着，不知来自下面什么地方，结成一个圆弧的队形飞过，仿佛被风吹送着似的，尽管当时根本没有风，然后似乎歪歪斜斜地降落到雪地上。

中午以后，雪开始融化，从树上落下来。如果你抬头仰望，水珠就会落进眼里，或者像冷冰冰、湿漉漉的尘粒溅到脸上。这时，不知从哪儿冒出许许多多小小的苍蝇——也是黑色的。夏季的时候，我没有见过这样的蚊子和苍蝇。小苍蝇完全是乐不可支地在飞舞，只是飞得很低，低垂在雪地上方。

傍晚天气又变得冷起来，苍蝇和蚊子都不知躲到了哪里。

驻林地记者　维丽卡

追逐松鼠的貂

许多松鼠游荡到了我们的森林里。

在它们曾经生活过的北方，松果不够它们吃的，因为那里歉收。

它们散居在松树上，用后爪抱住树枝，前爪捧着松果啃食。

有一只松鼠前爪捧着的松果跌落了，掉到地上，陷进了雪中。松鼠开始惋惜失去的松果。它气急败坏地吱吱叫了起来，便从一根树枝到另一根树枝，一截一截地往下跳。

它在地上一蹦一跳、一蹦一跳，后腿一蹬，前腿支住，就这样蹦跳着前进。

它一看，在一堆枯枝上有一个毛茸茸的深色身躯，还有一双锐利的眼睛。松鼠把松果忘到了九霄云外，嗖地一下纵身上了最先碰见的一棵树。这时一只黑貂从枯枝堆里蹿了出来，而且紧随着松鼠追去。它迅速爬上了树干。松鼠已经到了树枝的尽头。

貂沿树枝爬去，松鼠纵身一跳！它已跳上了另一棵树。

貂把自己整个细长的身子缩成一团，背部弯成了弓形，也纵身一跳。

松鼠沿着树干迅速跑着。貂沿着树干在后面穷追不舍。松鼠很灵巧，貂更灵巧。

松鼠跑到了树顶，没有再高的地方可跑了，而且旁边没有别的树。

貂正在步步逼近……

松鼠从一根树枝向另一根树枝往下跳。貂在它后面紧追。

松鼠在树枝的最末端蹦跳，貂在较粗的树干上跑。跳呀，跳呀，跳呀，跳！已经跳到了最后一根树枝上。

向下是地面，向上是黑貂。

它无可选择：只能跳到地上，再跳上别的树。

但是，在地上松鼠可不是貂的对手。貂只跳了三下就将它追上，叫它乱了方寸，于是松鼠一命呜呼了……

啄木鸟的打铁铺

我们家的菜园外面有许多老的赤杨树、白桦树，还有一棵很老很老的云杉树。云杉树上挂着几个球果。于是，就有一只色彩斑斓的啄木鸟为了这些球果飞来了这里。啄木鸟停到树枝上，用长长的喙摘下一颗球果，又沿着树干向上跳去。它把球果塞进一个缝隙里，开始用长喙啄打它。从里面获取种子后，它就把球果往下一推，又去摘第二颗了。在同一个缝隙里，它又塞进第二颗球果，接着又塞进第三颗，就这样一直操劳到天黑。

驻林地记者　Л. 库博列尔

农庄纪事

我们的集体农庄庄员们在今年进行了出色的劳动。每公顷收获1500千克，这在我们州的许多农庄是很普通的事，收获2000千克也并不稀罕。而斯达汉诺夫小队创造出的高产，使得先进生产者有权荣膺

“社会主义劳动英雄”的光荣称号。

国家因光荣的劳动者在田间忘我劳动而向他们表示敬意。她用“社会主义劳动英雄”的光荣称号、勋章和奖章表彰集体农庄庄员的成绩。

眼看着冬季将临。

各农庄的大田作业已经结束。

妇女们正在奶牛场劳作，男人们正在喂养牲口。有猎狗的人离开村子捕猎松鼠去了。许多人去采运木材了。

一群灰色的山鹑簇拥着，越来越向农舍靠近。

孩子们跑向学校。他们白天放置捕鸟器，乘滑雪板和雪橇从山上滑雪下来；晚上准备功课和阅读。

集体农庄新闻

H. M. 帕甫洛娃

挂在细丝上的屋子

是否可能住在挂在一根细丝上的、风中摇曳的小屋里，度过整个冬季呢？而且住在墙壁和纸一样薄，里面却没有任何取暖设备的小屋里？

你们想象一下，这居然可行！我们见到过许多如此简陋的屋子。它们用蛛丝般的细丝挂在苹果树的枝头，小屋是用干树叶做成的。农庄庄员们把它们摘来消灭掉。原来，小屋里的居民并非良善之辈，而是山楂粉蝶的幼虫。如果留它们过冬，到春季它们就会啃啮苹果树上的花蕾和花朵。

灾害来自森林，救星也来自森林！

昨天夜里，在“光明大道”集体农庄发生了一桩犯罪未遂案件。午夜时分，一只大兔子溜进了果园，它企图啃食苹果树的树皮。但是，苹果树的树皮似乎跟云杉树皮一样有刺。兔子这个匪徒在多次尝试没有得手后，就放弃了“光明大道”集体农庄的果园，隐入了最近的林子里。

农庄庄员们预见到来自森林的匪徒会袭击他们的果园，所以他们砍了许多云杉枝条，用来包裹自己的苹果树树干。

在暖房里

“劳动者”集体农庄正在挑拣小小的洋葱头和同样小小的洋芹菜根。

“这是在给牲口准备饲料，是吗，爷爷？”生产队长的孙女问道。

“不是的，小孙孙，你猜错了。这些东西我们马上要种到暖房里——不管是洋葱还是洋芹菜。”

“为什么呀？让它们长高些？”

“不是的，小孙孙，为了让它们给我们绿色蔬菜。冬天我们还将像种青葱一样播种马铃薯，我们将在汤里吃到洋芹菜等绿叶蔬菜。”

助手

现在，每天可以在农庄的粮仓见到孩子们的身影。其中一部分人帮助选种，以便春季里在田间播种；另一些人在菜窖里劳动，挑选上好的马铃薯做种。

男孩们在马厩和打铁工场帮忙。

许多孩子无论在奶牛场、猪圈、养兔场，还是在家禽养殖场，都有自己的辅导对象。

我们既在学校学功课，也在家里及时地帮助干农活儿。

少先队大队长

尼古拉·利瓦诺夫

都市新闻

瓦西列奥斯特洛夫斯基区的乌鸦和寒鸦

涅瓦河结冰了。现在每天下午4点，都有瓦西列奥斯特洛夫斯基区的乌鸦和寒鸦飞来，降落到施密特中尉桥（8号大街对面）下游的冰上。

经过一番吵吵闹闹的争执后，这些鸟分成了几群，然后飞往瓦西里岛上各家花园里过夜。每一群都在自己最中意的花园里夜宿。

侦察员

城市花园和公墓的灌木与乔木需要保护。它们遇到了人类难以对付的敌害。这些敌害是那么狡猾、微小和不易察觉，连园林工人都发现不了。这时就需要专门的侦察员了。

这些侦察员队伍可以在我们的公墓和大花园里见到，在它们工作的时候。

它们的首领是穿着花衣服、帽子上有红帽圈的啄木鸟。它的喙就像长矛一样。它用喙啄穿树皮。它断断续续地大声发号施令："基克！基克！"

接着，各种各样的山雀就闻声飞来：有戴着尖顶帽的凤头山雀；有褐头山雀，它的样子像一枚钉帽很粗的钉子；有黑不溜秋的煤山雀。这支队伍里还有穿棕色外套的旋木雀，它的嘴像把小锥子；以及穿蓝色制服的䴓[1]，它的胸脯是白色的，嘴尖尖的，像把小匕首。

啄木鸟发出了命令："基克！"䴓重复它的命令："特甫奇！"山雀们做出了回应："采克，采克，采克！"于是，整支队伍开始行动。

侦察员们迅速占领各棵树的树干和树枝。啄木鸟啄穿树皮，用针一般尖锐而坚固的舌头从中提出小蠹虫。䴓则头朝下围着树干打转，把它细细的小匕首伸进树皮上的每一个小孔，它会在那里发现某个昆虫或它的幼虫。旋木雀自下而上沿树干奔跑，用自己的歪锥子挑出这些虫子。一大群开开心心的山雀在枝头辗转飞翔。它们察看每一个小孔、每一条小缝，于是任何一条小小的害虫都逃不过它们敏锐的眼睛和灵巧的嘴巴。

狩猎纪事

秋季开始捕猎皮毛有实用价值的小兽。快到11月的时候，它们的皮已清理干净，换上了新毛——夏季轻薄的皮毛换成了暖和稠密的冬装。

带把斧头打猎

在用猎枪捕猎皮毛有经济价值的凶猛小兽时，猎人与其使用猎枪，还不如使用斧头。

莱卡狗凭感觉找到了藏在洞里的黄鼬、白鼬、银鼠、水貂或水獭，把小兽赶出洞穴便是猎人的事了。可这件事做起来并不容易。

① 䴓（shī） 鸟，种类很多，身体长12厘米左右，嘴长而尖，背部蓝灰色，腹部棕黄色。生活在森林中，吃昆虫。

凶猛的小兽在土里、石头堆里、树根下面安置自己的洞穴。感觉到危险以后，它们绝对不会离开自己的藏身之所。猎人只好用探棒或小铁棍长久地在洞穴里搅，或者干脆用双手扒开石块，用斧头砍掉粗树根，刨开冻结的泥土，再就是用烟把小兽从洞里熏出来。

不过只要它一跳出来，就再也逃不走了。莱卡狗不会放过它，会把它咬死。或者猎人瞄准了它，开枪。

猎貂

捕猎林中的貂难度更大。猎人发现它觅食小兽或鸟类的地方是不成问题的。这里雪被践踏过了，还留有血迹。可是寻找它饱餐以后的藏身之所，就需要猎人有一双十分敏锐的眼睛。

貂在空中逃遁，从这一枝条跳上那一枝条，从这棵树跳向那棵树，就如松鼠一样。不过，它依然留下了痕迹，折断的树枝、兽毛、球果、针叶、被爪子抓落的小块树皮，都会从树上掉落到雪地里。有经验的猎人根据这些痕迹就能判断貂在空中的行走路线。这条路往往很长——有几公里，应当十分留神，一次也不能偏离踪迹，按坠落物寻找貂的行踪。

当塞索伊·塞索伊奇第一次找到貂的踪迹时，他没有带狗。他自己跟随踪迹去找寻貂的去向。

他乘着滑雪板走了很久，有时胸有成竹地快速走过一二十米——那是在野兽下到雪地里，在雪上留下脚印的地方，有时慢腾腾地向前移动，警觉地察看空中旅行者留在路上依稀可见的标记。在那一天，他不止一次叹息没有把自己忠诚的朋友莱卡狗带上。

塞索伊·塞索伊奇在森林里一直找到夜幕降临。

小个儿的猎人烧起了一堆篝火，从怀里掏出一大片面包，放在嘴里嚼着，然后好歹睡过了一个长长的冬夜。

早晨，貂的痕迹把猎人引向一棵粗壮干枯的云杉。这可是成功的机会。塞索伊·塞索伊奇在云杉树干上发现了一个树洞，野兽应当在此过夜，而且肯定还没有出来。

猎人用右手拿住枪，扣上了扳机，左手举起一根树枝在云杉树干上敲了一下。他敲了一下就把树枝扔了，用双手端起了猎枪，以便貂跳出来就能立马开枪。

貂没有跳出来。塞索伊·塞索伊奇又捡起树枝。他更使劲地敲了一下树干，然后使劲地再敲了一下。貂没有出现。

“唉，在睡大觉呢！”猎人沮丧地自忖道，“醒醒吧，睡宝宝！”

但是不管他怎么敲，只有敲打声在林子里回响。

原来貂不在树洞里。

这时，塞索伊·塞索伊奇才想到要围着云杉看个究竟。

这棵树里面都空了，树干的另一面还有一个从树洞出来的口子，在一根枯枝的下方。枯枝上的积雪已经掉落，说明貂从云杉树干的这一面出了树洞，溜到了邻近的树上，凭借粗大的树干挡住了猎人的视线。

已经没有办法，塞索伊·塞索伊奇只好继续追赶这头野兽。

整整一天，猎人搅在依稀可见的踪迹所布下的迷局里。

天已经暗下来，当时塞索伊·塞索伊奇碰到的一个痕迹明确表明，野兽并不比自己的追捕者高明多少。猎人找到了一个松鼠窝，貂从这里把松鼠赶了出来。很容易探究清楚，凶猛的小兽曾长久追赶自己的牺牲品，最终在地面上追上了它。筋疲力尽的松鼠已不再打算跳跃，就从树枝上脱落下去，这时貂便跳了几大步赶上了它。貂就在这儿的雪地里用了午餐。

确实，塞索伊·塞索伊奇跟踪的痕迹是正确的。但是，他已无力继续追踪野兽了。从昨天以来他什么也没有吃过，他连一丁点儿面包也没有了，而现在逼人的寒气又降临了，再在林子里过一夜就意味着冻死。

塞索伊·塞索伊奇极其懊丧地骂了一句，就开始沿自己的足迹往回走。

“要是追上这鬼东西，”他暗自想，“要做的就一件事——把一次装的弹药都打出去。”

塞索伊·塞索伊奇窝着一肚子火从肩上卸下猎枪，在再次经过松鼠窝时，瞄也不瞄就对着它开了一枪。他这样做只是为了排遣心头的烦恼。

树枝和苔藓从树上纷纷落下来，在此之前，在临死前的战栗中扭动身子的一只毛皮丰厚、精致的林貂，落到了惊讶万分的塞索伊·塞索伊奇的脚边。

后来塞索伊·塞索伊奇得知，这样的情况并不少见。貂捉住了松鼠，把它吃了，然后钻进被它吃掉的洞主的温暖小窝里，蜷缩起身子，安安宁宁地睡个好觉。

本报特派记者

公　告

请设立供鸟类就餐的免费食堂

可以直接在窗外用绳子悬挂一块板，上面撒上食料：面包屑、干燥蚂蚁卵、面粉蛀虫、蟑螂、煮老的鸡蛋、凝乳碎屑、大麻子、花楸浆果、红莓苔子、荚蒾、黍、燕麦和刺实。

不过更好的办法是，将一个有食料的瓶子固定在树干上，下面放一块板。

还有更好的办法是，在花园里放置一只名副其实的带盖食料台，以免雪撒在上面。

一、飞往越冬地

在整个秋季，迁徙的候鸟们开始飞往越冬地，除了从北向南飞的，还有从西向东飞、从东向西飞的鸟儿，更有甚者会向北飞去更冷的地方越冬。这些不同“航道”上的鸟儿，文中都有介绍，你还记得吗？尝试将它们的名字填写到正确的分类里。

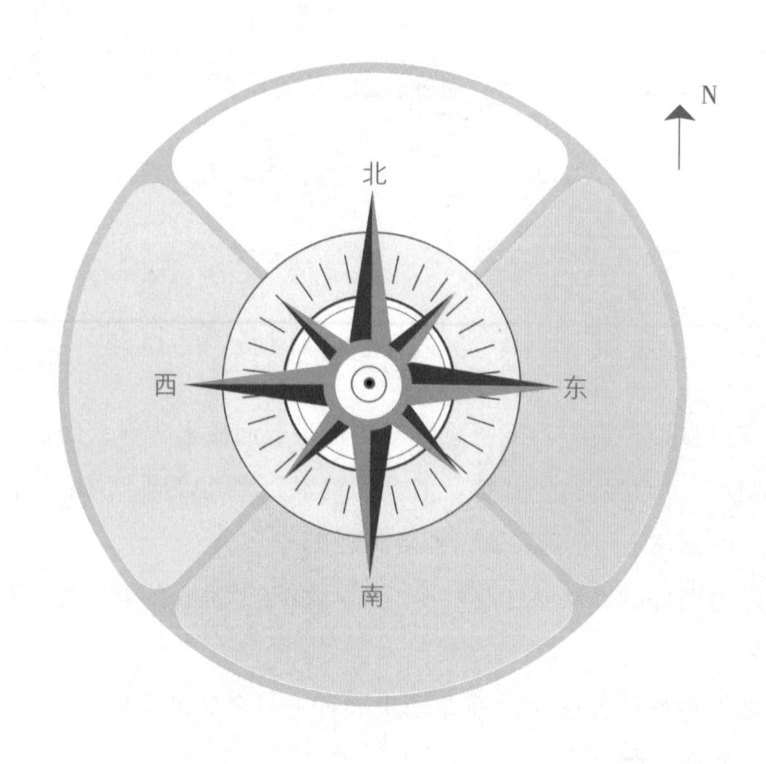

二、小小建筑师

小鸟正在面临艰难的时刻，如果需要你帮它建造一个小窝，你会怎么设计呢？在下面的空白处画出你的设计，并用简短的文字进行说明。

阅读小贴士

冬天悄然而至。河水被冰冻住了，很多动物进入了冬眠。森林里没什么可吃的了，但不必过于担心，热心的城市居民为鸟儿设置了免费食堂。在这样寒冷的天气里，动物们忍饥挨饿，盼望着春天的来临。它们能挺过去吗？赶紧来看看吧！

扫一扫，
获取原声朗读

(冬季第一月)

12月21日至1月20日太阳进入摩羯宫

МЕСЯЦ ПЕРВЫХ БЕЛЫХ ТРОП

小道初白月

一年——分十二个月谱写的太阳诗章

12月——天寒地冻的时节。12月为严冬铺路，12月把严冬牢牢钉住，12月把严冬别在身上。12月是一年的终结，是严冬的起始。

河水停止了流淌——即使是汹涌的河水也被坚冰封冻了。大地和森林都已银装素裹。太阳躲到了乌云背后。白昼越来越短，黑夜正在慢慢变长。

皑皑白雪之下，埋葬着多少躯体！一年生的植物如期地成长、开花、结果，然后它们化为齑粉，复归自己出生的土地。一年生的动物——许多小小的无脊椎动物也如期化作了齑粉。

然而植物留下了籽，动物产下了卵。太阳仿佛是公主童话中的漂亮王子，如期地用自己的亲吻唤醒这些生命，重新从土壤里创造出鲜活的躯体。而多年生的动植物善于在北国整个漫长的冬季维护自己的生命，直至新春伊始。要知道严冬还未及开足马力，太阳的生日——12月22日[①]已为期不远！

太阳会返回人间。生命也会跟随着太阳重生。

然而，必须得先熬过漫漫严冬。

---

① 冬至是二十四节气之一，在12月21日、22日或23日。这一天太阳经过冬至点，北半球白天最短，夜间最长。在这天后，白天会逐渐变长，为了庆祝太阳的回归，这一天又被崇拜太阳神的宗教定为太阳的生日。

林间纪事

下面是我们的驻林地记者在白色小道（猎人如此称呼雪地上的足迹）上读到的几则故事。

缺少知识的小狐狸

小狐狸在林间空地看见了老鼠留下的一道道小小的“字行”。

“啊哈，”它想，“现在我们有吃的了！”

它认为得用鼻子好生阅读一番，看是谁来过这儿。它只看了一眼就知道了：看，足迹原来通到了那里——一丛灌木边。

它悄悄地向灌木逼近。

它看见雪里有一个皮毛灰色、拖着小尾巴的小东西在动。“嚓”，它一口咬住，牙齿间马上传出了咯吱声。

呸！这么难闻的讨厌东西！它把小兽一口吐掉，跑到一边赶紧吞上几口雪，但愿能用雪把嘴洗干净。那么难闻的气味！

就这样，它仍然没能吃上早餐，只是白白地把一只小兽糟蹋了。

那只小兽不是老鼠，也不是田鼠，而是鼩鼱。

它远看像老鼠，但如果你靠近观察，马上就能发现：鼩鼱的吻部前伸，背部弓起。它属于食昆虫的动物，和鼹鼠、刺猬是近亲。任何一个有知识的野兽都不会碰它，因为它能发出可怕的气味。

白雪覆盖的鸟群

一只兔子在沼泽地上蹦蹦跳跳地前行。它从一个个草丛上跳过去，突然嘣的一声——从草丛上滑落，跌进了齐耳深的雪地里。

这时，兔子感觉雪下面有活物在动。就在同一瞬间，在它周围，随着翅膀振动的声音，从雪下面飞出一群柳雷鸟。兔子吓得要命，马上跑回了林子。

原来是整整一群柳雷鸟生活在沼泽地的雪地里。白天它们飞到外面，在雪地里走动，用喙挖掘觅食，吃饱以后又钻进了雪地里。

它们在那里既暖和又安全。谁会发现它们藏在雪下面呢?

冬季的中午

在1月份一个阳光明媚的中午，白雪覆盖的森林里悄无声息。在隐秘的洞穴中沉睡的正是洞主自己——熊。它的上方，在挂着沉甸甸积雪的灌木丛和乔木的枝叶间，仿佛有一个个童话故事中富丽堂皇的屋宇的拱顶、空中走廊、台阶、窗户，有着尖尖屋顶的奇异小楼。这一切都是无数疏松的雪花骤然间闪烁变幻出来的。

犹如从地底下钻出来似的，一只小鸟跳了出来，小嘴尖尖的，像把锥子，小尾巴翘着。它轻轻一飞，飞上了一棵云杉的树顶，发出了悠扬婉转的啼鸣，响彻了整座

林子！

这时从白雪构成的屋宇下方，地下居室的小窗里，突然露出了一只目光呆滞的绿眼睛……莫非春天提前降临啦？

那是洞主的眼睛。熊总是在自己进洞睡觉的一面留一个小窗——森林里发生的事儿可不少啊！没什么情况，宝石般晶莹的房屋里安安静静的……于是那只眼睛消失了。

小鸟在结冰的枝头上东啄西啄了一会儿，便钻进了一个树墩上像帽子般的积雪里，那里有用软和的苔藓和绒毛铺垫的温暖的冬窝。

农庄纪事

树木在严寒的气候里沉睡，它们体内的血液——液汁都冻结了。森林里，锯条不知疲劳地发出叫声。采伐木材的作业贯穿整个冬季，冬季采伐到的是最为贵重的木材，干燥而且坚固。

为了将采伐的木材运到开春后流送木材的大小河边，人们把水浇到雪地上形成了宽广的冰路，他们在冰路上驾着冰橇，就如驾着敞篷马车一样运送木材。

农庄庄员们正在为迎接春季做准备，选种，检查幼苗。

一群灰色的田鹬住在谷仓边，飞进了村里。它们要将雪扒开，在深厚的雪下获取食物很艰难，用它们虚弱无力的爪子敲开雪面冰层厚厚的外壳就更难了。

在冬季捕捉它们是一件轻而易举的事，但这是一种犯罪行为：法律禁止在冬季捕捉无助的灰色田鹬。

聪明而体贴的猎人在冬季会给这些鸟补充食料，在田头给它们安置喂食点：用云杉树枝搭建小窝棚，在里面撒上燕麦和大麦。

于是，这些美丽的田间公鸡和母鸡就不会在最难熬的冬季死于严寒和饥饿了。到来年夏天，每一对鸟又会带来20只以上的小鸟。

集体农庄新闻

大雪纷飞

昨天，我在“闪闪发光”集体农庄看望了中学同学、拖拉机手米沙·戈尔申。

给我开门的是他的妻子，一个最会嘲笑人的女人。

“米沙还没有回来，”她说道，“他在耕地。”

我想：“又来嘲弄我了。她想出‘耕地’这两个字来蒙我，也太笨了！就连托儿所里刚会走路的孩子大概也知道冬天是不耕地的。”

所以，我就用嘲弄的口气问：“耕雪吗？”

“要不耕什么？当然是耕雪咯。”米沙的妻子回答。

我到处找米沙，说来也真怪——他是在地里。他开着一台拖拉机，机上紧连着一只长长的箱子。箱子把雪拢起来，做成一堵结实的高堤。

“你干吗这样做，米沙？”我问道。

“这是挡风障碍坝。你如果不给风设这么一道障碍，它就在田地里到处游荡，把积雪刮走。秋播作物没有雪就会冻死，应当把地里的雪留住。所以我就开起了我的耕雪机。”

按冬令作息时间生活

现在，农庄的牲口按冬令作息时间生活，睡觉、进食、散步都按时进行。下面是4岁的农庄庄员玛莎·斯米尔诺娃就这件事对我们说的话：

“我现在和小朋友们进了幼儿园，所以，奶牛和马儿大概也进了幼儿园。我们去散步，它们也去散步。我们回家，它们也回家。”

绿色林带

沿铁路线伸展着一行行挺拔的云杉，直到远方。“绿色林带”保护铁路免遭积雪的侵害。每年春季铁路员工都在加宽这条林带，栽上几千棵年轻的树木。今年，他们种下了10万棵以上的云杉、合欢、白杨和3000棵左右的果树。

铁路员工在自己的苗圃里培育树苗。

H. M. 帕甫洛娃

都市新闻

赤脚在雪地上行走

在晴朗的日子里，当温度计的水银柱升到接近零度时，在苗圃、街心花园和公园里，从雪下爬出了没有翅膀的苍蝇。

它们成天在雪上游荡，傍晚时又躲进冰雪的缝隙里。

那里，它们生活在树叶下和苔藓中僻静的温暖场所。

雪地里没有留下它们游荡的足迹。这些游荡者身体很轻很小，只有在高倍放大镜下才能看清它们突出的长长的嘴脸、从额头直接长出的奇怪的触角和纤细赤裸的腿脚。

国外来讯

有关我们的候鸟生活详情的讯息，从国外发至《森林报》编辑部。

我们的著名歌手夜莺在中部非洲过冬，黄莺住在埃及，椋鸟分成几群，在法国南部、意大利和英国旅行。

它们在那里没有唱歌，只关心吃饱肚子，也不筑巢和养育小鸟。它们等待着春季，等待着可以返回故乡的时节，因为“他乡作客好，怎比家中强”。

埃及的熙攘

埃及是鸟类冬季的天堂。浩浩荡荡的尼罗河，连同它无数的支流，迤逦曲折的河岸，肥沃的河湾草地和田野，咸水和淡水的湖泊与沼泽，温暖的地中海沿岸星罗棋布的海湾——所有这些地方都是数以几十万、几百万计的鸟类现成的菜品、丰盛的餐桌。夏天这里就已鸟类无数，到了冬天，我们的候鸟也来光顾了。

这里拥挤的程度是无法想象的。似乎全世界所有的鸟类都聚集到了这里。在湖泊和尼罗河各条支流上栖息的鸟类，稠密到从远处看不见水的程度。笨重的鹈鹕在喙下面挂着一只大袋子，和我们的灰野鸭及小水鸭一起捉鱼吃。我们的鹬在红羽毛的美男子火烈鸟那高高的双腿间穿梭，当鲜艳的非洲乌雕或我们的白尾雕出现时，就躲向四面八方。

假如对着湖面开一枪，那么密密麻麻的各种水禽成群起飞的轰鸣声，就只有数千只鼓同时敲响的声音可以与之相比。湖面顿时笼罩在浓密的阴影里，因为升空的鸟类组成的“乌云”遮住了太阳。

我们的候鸟就这样生活在它们冬季的居所。

在连科兰近郊

我国幅员辽阔，也有属于鸟类的“埃及”，并不比非洲逊色。我们许多生活在水中和沼泽地的鸟类在那里过冬。跟在埃及一样，冬季在那里你也能看见一群群鹈鹕、火烈鸟与野鸭、大雁、鹬、海鸥及猛禽杂居在一起。

我们说的是在冬季，可是那里恰恰没有像我们这儿的冬季——白雪盖地，寒气逼人，暴风雪肆虐。在温暖的海边，水藻丛生的浅水里、芦苇荡里和沿岸的灌木丛里，在宁静的草原湖泊里，整年都充满了各种鸟类的食物。

这些地方被划为自然资源保护区，禁止猎人在此捕猎鸟类，包括经过夏季的奔忙来此休息的候鸟。

这是我们的塔雷什国家自然资源保护区，位于阿塞拜疆苏维埃社会主义共和国[1]连科兰市近郊，里海东南岸。

发生在南部非洲的慌乱

在南部非洲发生过一件事，引起了很大的慌乱。人们在一群鹳里发现一只鹳的脚上戴着一个白色金属环。这群鹳是从天上飞下来的。

他们捉到了这只鹳，阅读了打在环上的文字。脚环上的文字是这样的：“莫斯科，鸟类学委员会，A型195号。”

---

① 现为阿塞拜疆共和国。

莫斯科 鸟类学
委员会 A型195号

这件事许多报刊都报道了，所以我们知道被我们的记者捕获过的这只鹳冬季在何处出现。

科学家用这个方法——套脚环——得知鸟类生活中许多惊人的秘密：它们的越冬地，迁徙路线，等等。

为此，每个国家的鸟类学委员会都用铝制作不同型号的脚环，在上面打上发放脚环的机构名称，以及表示型号（根据尺寸大小）的字母和编号。如果有人捕获或打死套有脚环的鸟，他应当将有关情况告知脚环上标明的科研机构，或在报上刊登自己发现这类鸟的相关消息。

狩猎纪事

猎狐

经验丰富的猎人，一看足迹就知道狐狸的动向。没有什么能逃过他明察秋毫的眼睛！

塞索伊·塞索伊奇早上出门，踏上新下过雪的地面，老远就发现了一行清晰、规整的狐狸足迹。

小个儿猎人不慌不忙地走到足迹前，沉思地望着它。他脱下一块滑雪板，一条腿单跪在上面。他弯起一根手指伸进脚印里，先竖着，再横着，量了量。他又思量了一会儿，站起来，穿上滑雪板，顺着足迹平行前进，眼睛盯着足迹片刻不离。他隐没在灌木丛里，接着又走了出来，走到一座不大的林子前面，仍然从容不迫地围着林子走了起来。

猎人通过足迹就能发现狐狸的动向，这源于他平日积累的经验和留心观察的习惯。在生活中，我们也应该养成这样善于观察和发现的好习惯。

然而，当他从这座林子的另一边出来时，他突然回头快速向村子跑去。他不用撑杆助推，急速地踩着滑雪板在雪上滑行。

短暂冬日的两个小时花在了对足迹的观察上，塞索伊·塞索伊奇已暗自下定决心一定要在今天逮住狐狸。

他跑到了我们另一位猎人谢尔盖家的农舍前，谢尔盖的母亲从窗口看见了他，就走到门口台阶上，首先和他打招呼：

“我儿子不在家，也没说去哪儿。”

对于老太太耍的滑头，塞索伊·塞索伊奇只是莞尔一笑。

“我知道，我知道。他在安德烈家。”

塞索伊·塞索伊奇果然在安德烈家找到了两个年轻猎人。

他走进屋子时那两个人都有点儿尴尬，这瞒不过他的眼睛，他们都不吭声了，谢尔盖甚至从长凳上站了起来，想遮住身后那一大捆缠着小红旗的轮轴。

“别藏着掖着了，小伙子，”塞索伊·塞索伊奇开门见山地说，“我都知道。今儿凌晨狐狸在‘星火’农庄叼走了一只鹅。现在它在哪儿落脚，我知道。”

两个年轻的猎人张大了嘴。半小时前，谢尔盖遇见了邻近的“星火”农庄的一个熟人，得知狐狸趁夜从那里的禽舍里叼走了一只鹅。谢尔盖跑回来把这件事告诉了自己的朋友安德烈。他们刚刚才商定，要赶在塞索伊·塞索伊奇得知这件事之前就找到狐狸，把它逮到手。塞索伊·塞索伊奇却说到就到，而且都知道了。

安德烈先开口：“是老婆子给你卜的卦吧？”

塞索伊·塞索伊奇冷冷一笑："那些老婆子恐怕一辈子也不会知道这号事。我看了足迹。我要告诉你们的是，这是雄狐狸走过的脚印，而且是只老狐狸，个子大大的。脚印是圆的，很干净。它走过之后，并不像雌狐那样把雪上的足迹抹掉。很大的脚印，是从'星火'农庄过来的，叼着一只鹅。它在灌木丛里把鹅吃了，我已找到了那个地方。这是只十分狡猾的雄狐，吃得饱饱的，它身上的皮毛很稠密，能卖上难得的好价钱。"

谢尔盖和安德烈彼此交换了一个眼色。

"怎么，这难道又是足迹上写着的？"

"怎么不是呢。如果是一只瘦狐，过着半饥半饱的日子，那么皮毛就稀，没有光泽。而在又狡猾、吃得又饱的老狐身上，皮毛就很密，颜色深沉，有光泽。这是一副贵重的皮毛。吃得饱饱的狐狸足迹也不一样：吃饱了走路轻松，脚步跟猫一样，一个脚印接一个脚印——是齐齐整整的一行，一个爪子踩进另一个爪子的印痕里——爪对着爪。我对你们说，这样的皮在林普什宁抢手得很，能卖出大价钱呢。"

塞索伊·塞索伊奇不说了。谢尔盖和安德烈又交换了一个眼色，走到一角，窃窃私语了一会儿。

接着，安德烈说："怎么样，塞索伊·塞索伊奇，有话直说吧！你是来叫我们合伙的，我们不反对。你看到了，我们自己也听说了，小旗子也备了。我们原本想赶在你前头，却没有得逞。那就一言为定，到了那里，谁运气好，它就撞到谁手里。"

"第一轮围猎由你们干，"小个儿猎人大度地决定，"要是它逃走了，肯定没有第二轮。这只雄狐不同于那些普通狐狸。当地的那些我认得出，这么大个儿的可没有。它在开第一枪之后就溜之大吉了——你就是两天也追不上它。那些小旗子，还是留在家里吧。老狐狸刁得很，也许被围猎已经不止一次了——会钻地逃跑。"

这时两个年轻猎人坚持要带小旗子，认为这样牢靠些。

“得，”塞索伊·塞索伊奇同意了，“你们想带，就照你们的，带上吧。走！”

在谢尔盖和安德烈准备行装，将两个绕着小旗的轮轴搬到外面绑上雪橇时，塞索伊·塞索伊奇赶紧回了趟家，换了身衣服，叫上了五个年轻的农庄庄员帮助围猎。

三个猎人都在自己的短大衣外面罩了件灰色长袍。

“这回是去对付狐狸，不是兔子，”在路上，塞索伊·塞索伊奇开导说，“兔子不怎么会辨别。狐狸可要敏感得多，眼睛看东西可尖着呢。一见着点儿什么，脚印就没有了。”

他们很快就到了狐狸落脚的那片林子。在这里，他们分了工：围猎的农庄庄员留在原地，谢尔盖和安德烈带上一个轮轴，从左边去围着林子布旗子，塞索伊·塞索伊奇从右边布。

“留神看着，”临行前，塞索伊·塞索伊奇提醒说，“看哪儿有它出逃的脚印。还有，别弄出声响。狐狸很机灵，只要听见一丁点儿声音，就不会等着你去逮它。”

不久，三个猎人在林子那边会合了。

“搞定了吗？”塞索伊·塞索伊奇悄声问。

“完全搞定了，”谢尔盖和安德烈回答，“我们仔细看过，没有逃出去的足迹。”

“我那边也一样。”

离旗子150步左右的地方，他们留了条通道。塞索伊·塞索伊奇向两位年轻猎人建议他们最好站立在什么位置，说完就悄无声息地乘滑雪板滑向围猎的五个人那儿。

半小时以后，围猎就开始了。六个人形成一个包围圈，像一张网一样在森林中行进，悄声呼应着，用木棍敲打树干。塞索伊·塞索伊奇走在呐喊者中间，使包围圈队形保持整齐。

森林里一片寂静。被人触碰的树枝上落下一团团松软的积雪。

塞索伊·塞索伊奇紧张地等待着枪响。尽管开枪的是自己的伙伴，可他的心还是提到了嗓子眼。这只狐狸是难得遇到的，对此经验丰富的猎人毫不怀疑。要是看走了眼，他们就再也看不到它了。

已经到了林子中央，可是枪依然没有响。

“怎么搞的？”塞索伊·塞索伊奇在树干之间滑行时忐忑地想，“狐狸早该从它藏身的地方跳出来了。”

路走完了，又到了森林边缘。安德烈和谢尔盖从守候的云杉后面走出来。

“没有？”塞索伊·塞索伊奇已经放开了嗓子问。

“没看见。”

小个儿猎人没多说一句废话就往回跑，去检查打围的地方。

“喂，过来！”几分钟后，传来了他气呼呼的声音。

大伙都向他走去。

“还说会看足迹呢！”小个儿猎人冲着两个年轻猎人恨恨地嘟囔着说，“你们说过没有出逃的痕迹。这是什么？”

“兔迹，”谢尔盖和安德烈两个人异口同声地说，“兔子的脚印。怎么——难道我们不知道？我们在刚才围拢来的时候就发现了。”

“可是，兔迹里究竟是什么？我对你们这两个大傻瓜说过，雄狐是很刁的！”

年轻猎人的眼睛没有一下子在兔子后腿长长的脚印里看出另一头野兽留下的明显痕迹——更圆、更短的脚印。

“你们没有想到，狐狸为了藏掖自己的脚印，会踩着兔子脚印走，是吗？”塞索伊·塞索伊奇和他们急了，“脚印对着脚印，窝儿合着窝儿。两个笨蛋！多少时间白待了。”

塞索伊·塞索伊奇首先顺着足迹跑了起来，命令他们把旗子留在原地。其余人默默地紧紧跟在他后面。

在灌木丛里，狐狸的足迹出离了兔迹，独自前进了。他们沿着齐齐整整的一行脚印走了好久，走出了狐狸设下的圈套。

阳光不强的冬日随着雪青色云层的出现已接近尾声。人人都是一副垂头丧气的样子，因为整整一天的辛劳都付诸东流了，脚下的滑雪板也变得沉重起来。

突然，塞索伊·塞索伊奇停了下来。他指着前方的小林子轻声说："狐狸在那里。接下去5千米的范围，地面就像一张桌子的面儿，既没有一丛灌木，也没有沟沟壑壑。野兽不会指望在开阔地上逃跑。我用脑袋担保，它就在这儿。"

两个年轻猎人的疲劳感似乎被一只手一下子从身上解除了。他们从肩头拿下了猎枪。

塞索伊·塞索伊奇吩咐三个围猎的农庄庄员和安德烈从右边向小林子包抄，另外两个人和谢尔盖从左边。大家立马向林子里走去。

他们走后，塞索伊·塞索伊奇自己无声无息地滑行到林子中央。他知道，那里有块不大的林间空地。雄狐无论如何都不会出来走到开阔地上。但是，不管它沿什么方向穿过林子，都不可避免地要沿着林间空地边缘的某个地方溜过去。

在林间空地中央，矗立着一棵高大的老云杉。它用茂盛而强壮的枝杈，支撑着倒在它身上的一棵姐妹树干枯的树干。

塞索伊·塞索伊奇脑海里闪过一个念头，想沿着倒下的云杉爬上大树，因为从高处看得见狐狸从哪儿走出来。林间空地的周围只长着一些低矮的云杉，矗立着一些光秃秃的山杨和白桦。

但是，经验丰富的猎人马上放弃了这个想法，因为在你爬树的当儿，狐狸已经第十次逃脱了。再说，从树上开枪也不方便。

塞索伊·塞索伊奇站在两棵小云杉之间的一个树桩上，推上了双筒枪的枪栓，开始仔细地四下观察。

几乎是一下了，从四面八方响起了围猎者轻轻的说话声。

塞索伊·塞索伊奇的整个身心都准确无误地知道无价的狐狸已经来到这里，就在他的身旁，随时都会出现。但是当棕红色的皮毛在树干之间一闪而过时，他还是哆嗦了一下。当它出乎意料地跳出来，直接奔向开阔的林间空地时，塞索伊·塞索伊奇差点儿就开枪了。

不能开枪，因为这不是狐狸，是兔子。

兔子坐在雪地上，开始惊惶地抖动耳朵。

人声从四面八方一点点逼近。

兔子纵身一跳，逃进森林不见了。

塞索伊·塞索伊奇仍然全身高度紧张地在等待。

忽然响起了枪声。枪声来自右方。

“他们把它打死了？打伤了？”

从左方传来第二声枪响。

塞索伊·塞索伊奇放下了猎枪：不是谢尔盖就是安德烈，总有一人开了枪而且得到了狐狸。

几分钟后围猎者走了出来，到了林间空地。和他们一起的还有一副窘态的谢尔盖。

“落空了？”塞索伊·塞索伊奇阴沉着脸问。

“要是它在灌木丛后面……”

“唉！……”

“看，是它！”旁边响起了安德烈得意的声音，“说不定还没有走。”

于是年轻猎人一面走上前来，一面向塞索伊·塞索伊奇脚边扔过来……一只死兔。

塞索伊·塞索伊奇张开了嘴，又重新闭上，什么话也没有说。围猎者莫名其妙地看着这三个猎人。

“怎么说呢，祝你满载而归！”塞索伊·塞索伊奇最后平静地说，“现在各自回家吧。”

“那狐狸怎么办？”谢尔盖问。

“你看见它啦？”塞索伊·塞索伊奇问。

“没有，没看见。我也是对兔子开的枪，而且你是知道的，它在灌木丛后面，所以……”

塞索伊·塞索伊奇只挥了挥手。

“我看见山雀在空中把狐狸叼走了。”

当大家走出林子时，小个儿猎人落在了同伴们后面。还有足够的光线可以发现雪地里的足迹。

塞索伊·塞索伊奇慢慢地察看，时而停顿一下，绕小林子走了一圈。

在雪地里明显地看得出狐狸和兔子出逃的痕迹——塞索伊·塞索伊奇细心察看了狐狸的足迹。

不对，雄狐没有沿着自己的足迹走回头路——脚印对着脚印，窝合着窝。而且，这也不符合狐狸的习性。

从小林子出逃的足迹并不存在——无论是兔子的，还是狐狸的。

塞索伊·塞索伊奇坐到树桩上，双手捧着低下的脑袋，思量起来。最后，他脑子里钻进一个简单的想法：雄狐可能在林子里钻了洞——这一点儿猎人可没想到。

但是，当塞索伊·塞索伊奇想到这一点并且抬起头时，天已经黑了，再也没有希望发现狡猾的狐狸了。塞索伊·塞索伊奇只好回家去。

野兽会给人猜最难猜的谜，这样的谜有些人就是解不开，即使在所有时代、所有民族中都以狡猾著称的狐大婶也解不开，但塞索伊·塞索伊奇可不是这样的人。

第二天早晨，小个儿猎人又到了傍晚找不到足迹的那片小林子。现在，确实留下了狐狸从林子出逃的足迹。

塞索伊·塞索伊奇开始顺着它走，以便找到他至今不明的那个洞穴。但是，狐狸的足迹直接把他带到了位于林子中央的空地。

齐整清晰的一行印窝儿通向倒下的干枯云杉，沿着它向上攀升，在那棵高大茂盛的云杉稠密的枝叶间失去了踪影。那里，在离地8米的高处，一根宽大的树枝上全然没有积雪——被卧伏在上面的野兽打落了。

雄狐昨天就趴在守候它的塞索伊·塞索伊奇的头顶上方。如果狐狸会笑的话，它一定会对那个小个儿猎人笑得前仰后合。

不过打这件事以后，塞索伊·塞索伊奇就坚信不疑，既然狐狸会爬树，那么它们会笑也就不足为奇了。

本报特派记者

天南地北

无线电通报

请注意！请注意！

圣彼得堡广播电台——《森林报》编辑部。

今天，12月22日，冬至，我们播送今年最后一次广播——来自苏联各地的无线电通报。

我们呼叫冻土带和草原、原始森林和沙漠、高山和海洋。

请告诉我们，在这隆冬季节，一年中白昼最短、黑夜最长的日子，你们那里发生了什么？

请收听！请收听！

北冰洋远方岛屿广播电台

我们这儿正值最漫长的黑夜。太阳已离开我们落到了大洋后面，直至开春前再也不会露脸。

大洋被冰层所覆盖。在我们大小岛屿的冻土上，到处是冰天雪地。

冬季还有哪些动物留在我们这儿呢？

在大洋的冰层下面，生活着海豹。它们在冰还比较薄的时候，在上面设置通气和出入口，并用嘴脸撞开将通气口迅速收缩的冰块，努力保持通畅。海豹到这些口子呼吸新鲜空气，通过它们爬到冰上，在上面休息、睡觉。

这时，一头公白熊正偷偷地向它们逼近。它不冬眠，不像母白熊那样整个冬季躲进冰窟窿里。

冻土带的雪下面，生活着短尾巴的兔尾鼠，它们筑了许多通道，啃食埋藏的野草。雪白的北极狐在这里用鼻子寻找它们，把它们挖出来。

还有一种北极狐捕食的野味：冻土带的山鹑。当它们钻进雪里睡觉时，嗅觉灵敏的狐狸就毫不费力地偷偷逼近，将它们捕获。

冬季，我们这儿没有别的野兽和鸟类。驯鹿在冬季来临之前就千方百计地从岛上离开，沿冰原去往原始森林了。

如果所有时间都是黑夜，不见太阳，我们怎么看得见呢？

其实即使没有太阳，我们这儿还经常是光明的。首先月亮会照耀

大地，其次北极光会非常频繁地出现。

五光十色变幻着的神奇极光，有时像一条有生命的宽阔带子展现在北极一边的天空，有时像瀑布一样飞流直泻，有时像一根根柱子或一把把利剑直冲霄汉。而它的下面，是光彩熠熠、闪烁着点点星火的最为纯洁的白雪，于是变得和白昼一样光明。

寒冷吗？当然，冷得彻骨。还有风，还有暴风雪——那暴风雪真叫厉害，我们已经一个星期连鼻子都没有伸到盖满白雪的屋子外面去过了。不过，什么都吓不倒我们苏联人。我们一年年地向北冰洋进军，越走越远。勇敢的苏联北极探险队早就开始研究北极了。

顿河草原广播电台

我们这儿也将开始下雪，可我们无所谓！我们这儿冬季不长，也不那么来势汹汹，甚至连河流也不会全封冻。野鸭从湖泊迁徙到这里，不想再往南迁了。从北方飞来我们这里的白嘴鸦逗留在小镇上、城市里。它们在这里有足够的食物。它们将住到3月中旬，到那时再飞回家，回到故乡。

在我们这儿越冬的，还有远方冻土带的来客：雪鹀、角百灵、巨大的北极雪鸮。北极雪鸮能在白昼捕猎，否则它夏季在冻土带怎么生活呢？那时可整天都是白昼啊。在白雪覆盖的空旷草原上，人们在冬季无事可做。不过在地下，即使现在也干得热火朝天：在深深的矿井里我们用机器铲煤，用电力把煤炭送上地面、井巷，再用蒸汽——在无穷无尽的列车上——把它运送到全国各地，送往各种工厂。

新西伯利亚原始森林广播电台

原始森林的积雪越来越深。猎人们踩着滑雪板，结成合作小队前往原始森林，身后拖着装有给养的轻便窄长雪橇。奔在前头的是猎狗，竖着尖尖的耳朵，有一条把方向的毛茸茸的尾巴，这是莱卡狗。

原始森林里有许多浅灰色的松鼠、珍贵的黑貂、皮毛丰厚的猞猁、雪兔和硕大的驼鹿，以及棕红色的鼬——黄鼠狼，它的毛可以用来做画笔。还有白鼬，旧时用它的皮毛缝制沙皇的皇袍，如今则用来制作给孩子戴的帽子。有许多棕色的火狐和玄狐，还有许多可口的花尾榛鸡和松鸡。

熊早已在自己隐秘的洞穴里呼呼大睡。

猎人们好几个月都不走出原始森林，在过冬用的小窝棚里过夜：整个短暂的白昼都用来捕捉各种野兽和野禽了，他们的莱卡狗这段时间正在林子里东奔西跑地找寻，用鼻子、眼睛、耳朵找出松鸡和松鼠、黄鼠狼和驼鹿或者那位睡宝宝——狗熊。

猎人们的合作小队在身后用皮带拖着装满沉甸甸猎物的轻便雪橇，正往家里赶。

黑海广播电台

确实，今天，黑海的波浪轻轻地拍打着海岸，在海浪轻柔的冲击下，岸滩上的卵石懒洋洋地发出阵阵轰鸣。深暗的水面反照出一弯细细的新月。

我们上空的暴风雨早已消停。但是，我们的大海惴惴不安起来。它掀起峰巅泛白的波涛，狂暴地砸向山崖，带着咝咝的絮语和隆隆的巨响从远处向着岸边飞驰。那是秋季的情景，而在冬季，我们难得受到狂风的侵扰。

黑海没有真正的冬季，除了北部沿岸的海面会结一点儿冰，海水会降一点儿温。我们的大海常年荡漾着波浪，欢乐的海豚在那里戏水，鸬鹚在水中出没，海鸥在海洋上空飞翔。海面上巨大、漂亮的内燃机轮船和蒸汽机轮船来来往往，摩托快艇破浪前进，轻盈的帆船飞速行驶。

来这儿过冬的有潜水鸟、各种潜鸭和下巴下拖着一只装鱼的大袋子的粉红色胖鹈鹕。

圣彼得堡广播电台——《森林报》编辑部。

你们看到，在苏联有许多各不相同的冬季、秋季、夏季和春季。而这一切都属于我们，这一切构成了我们伟大的祖国。

挑选一下你心中喜欢的地方吧。无论你到什么地方，无论你在哪里落户定居，到处都有美景在向你招手，有事情等待你去完成：研究、发现新的美丽和我们大地的财富，在上面建设更美好的新生活。

我们一年中第四次，也是最后一次广播——来自全国各地的无线电报告就到此结束了。

再见！再见！

明年见！

公　告

请别忘了无家可归和饥肠辘辘的林中小朋友

艰难呀，唉，艰难！会唱歌的小鸟和别的鸟正在冬季里艰难度日！它们正在寻找可以避寒、免遭冬日可怕寒风侵袭的所在——要是找不到，它们就必死无疑。

SOS！SOS！SOS！请从死神手中拯救它们！

伸出援手！

为小鸟们刻制过夜的原木小桶，为山鹑在野外放置用云杉枝条和秸秆束搭建的小窝棚。

为鸟们设立喂食的处所！

邀请珍贵的来客

山雀和䴓

山雀和䴓很爱吃油脂。不过不能吃咸的，因为吃了咸的它们的胃会非常痛。

如果有人想邀请这些可爱而好玩儿的小鸟到自己家做客，一方面借此欣赏，另一方面对它们来说，在十分艰难的季节里把它们喂得饱饱的，那么就该这么做：

拿一根木棍，在上面钻一排小孔，在孔中浇注热的油脂（猪油或牛油）。让油脂冷却，然后把木棍挂到窗外，还有更好的办法：把它挂在窗外的树上。

快乐的小贵客不会让自己久等，为了答谢对它们的款待，它们会向你表演各种把戏：在枝头打转、脑袋朝下翻跟头、向旁边跳跃，以及其他把戏。

（冬季第二月）

1月21日至2月20日太阳进入宝瓶宫

МЕСЯЦ ЛЮТОГО ГОЛОДА

忍饥挨饿月

一年——分十二个月谱写的太阳诗章

“1月”，民间这样说，“是向春季的转折，是一年的开端，是冬季的中途：太阳向夏季转向，冬季向严寒行进。”新年以后，白天如同跳跃的兔子——变长了。

大地、水面和森林都盖上了皑皑白雪，周遭万物似乎沉入了永不苏醒的酣睡之中。

在艰难的时日，生灵非常善于披上死亡的伪装。野草、灌木和乔木都沉寂不动了。它们沉寂了，却没有死亡。

在寂静无声的白雪覆盖下，它们蕴藏着勃勃生机，蕴藏着生长、开花的强大力量。松树和云杉完好无损地保存着自己的种子，将它们紧紧地包裹在自己拳头状的球果里。

冷血动物在隐藏起来的同时都僵滞不动了。但是它们同样没有死亡，就连螟蛾这样柔弱的小生命也躲进了自己的藏身之所。

鸟类尤其具有热烈的血液，它们从来不冬眠。许多动物，甚至小小的老鼠，整个冬季都在奔走忙碌。还有一件事真叫奇怪，在深厚积雪下的洞穴中冬眠的母熊，在1月份的严寒里，居然还产下未开眼的小熊崽儿，而且用自己的乳汁喂养它们到春季，尽管自己整个冬季什么也不吃！

林间纪事

森林里冷啊，真冷

凛冽的寒风在毫无遮蔽的田野上踯躅徘徊，在光秃秃的白桦和山杨之间急速地扫过森林。它钻进紧紧收拢的羽毛，透进稠密的皮毛，使血液变得冰凉。

无论在地上还是树枝上，它到处都坐不住：一切都盖上了白雪，爪子已经冻僵。它应当跑呀、跳呀、飞呀，但求身子暖和起来。

要是有温暖、舒适的大小洞穴和窝儿栖身，又有充足的食物储备，它一定十分惬意，把肚子吃得饱饱的，把身子蜷缩成一团，就呼呼大睡。

吃饱了就不怕冷

兽类和鸟类所有的操劳就为了吃饱肚子。饱餐一顿可以使体内发热，血液变得温暖，沿各条血管把热量送到全身。皮下有脂肪，那是温暖的绒毛或羽毛外套里极好的衬里。寒气可以透过绒毛，可以钻进羽毛，可是任何严寒都穿不透皮下的脂肪。

如果有充足的食物，冬天就不可怕。可是，在冬季里到哪儿去弄食物呢？

狼在森林里徘徊，狐狸在森林里游荡，可是森林里空空荡荡，所有的兽类和鸟类躲藏的躲藏，飞走的飞走。渡鸦在白昼飞来飞去，雕鸮在黑夜里飞来飞去，都在寻觅猎物，却没有猎物。

森林里饿啊，真饿！

小屋里的山雀

在饥饿难熬的月份，每一头林中野兽、每一只鸟都向人的住处靠近。这里比较容易找到食物，或者从废弃物里得到一些食物。

饥饿能压倒恐惧。谨小慎微的林中居民不再惧怕人类。

黑琴鸡和山鹑钻到了打谷场、谷仓，兔子来到了菜园，白鼬和伶鼬在地窖里捉老鼠和家鼠，雪兔常到紧靠村边的草垛上啃食干草。在我们记者设于林中的小屋里，一只山雀勇敢地从敞开的门户飞了进来，这只黄色的鸟两颊白色，胸脯上有一条黑纹。它对人毫不理睬，开始啄食餐桌上的面包屑。

主人关上了门，于是山雀成了俘虏。

它在小屋里住了整整一星期。我们没有碰它，也没有喂它。不过，它一天天地明显胖了起来。它成天在整个屋子里捕猎，寻找蛐蛐儿、沉睡的苍蝇，捡拾食物碎屑，到夜里就钻进俄式炉子后面的缝隙里睡觉。

几天以后，它捉光了所有的苍蝇和蟑螂，就开始啄食面包，用喙啄坏书本、纸盒、塞子——凡是它眼睛看得见的都要啄。

这时主人就开了门，把这小小的不速之客逐出了小屋。

应变有术

深秋时节一头熊替自己在一个长满小云杉树的小山坡上选中了一块地方做洞穴。它用爪子扒下一条条窄小的云杉树皮，带进山坡上的土坑里，上面铺上柔软的苔藓。它把土坑周围的云杉从下部咬断，使它们倒下来在坑上方形成一个小窝棚，然后爬到下面安然入睡了。

然而不到一个月，一条猎狗发现了它的洞穴，它及时逃离了猎人的射杀。它只好在雪地里冬眠，在听得见的地方睡觉。但是即使在这里猎人还是找到了它，它仍然得以勉强脱逃。

于是它第三次躲藏起来，找了个谁也想不到该上哪儿去找它的地方。

直到春天人们才发现，它高明地睡在了高高的树上。这棵树曾被风暴折断过，它上部的枝杈就一直向天空方向生长，长成了一个坑形。夏天老鹰找来枯枝架到这儿，再铺上柔软的铺垫物，在这儿哺育了小鹰后就飞走了。到冬天，在自己的洞穴里受到惊吓的熊就想到了爬进这个空中的“坑”里藏身。

都市新闻

免费食堂

那些唱歌的鸟正因饥饿和寒冷而受苦受难。

心疼它们的城市居民在花园里或直接在窗台上为它们设置了小小的免费食堂。一些人把面包片和油脂用线串起来，挂到窗外。另一些人在花园里放一篮子谷物和面包。

山雀、褐头山雀、蓝雀，有时还有黄雀、白腰朱顶雀和其他冬季来客成群结队地光顾这些免费食堂。

学校里的森林角

无论你走到哪一所学校，每所学校里都有一个反映活生生大自然的角落。这里的箱子里、罐子里、笼子里，生活着各式各样的小动物。这些小东西是孩子们在夏天远足时捉的。现在，他们有太多的事要操心：所有住在这里的小东西要喂食、要饮水，要按每一只小东西的习性设立住处，还得小心看住它们，别让它们逃走。这里既有鸟类，也有兽类，还有蛇、青蛙和昆虫。

在一所学校里，他们交给我们一本孩子们在夏天写的日记。看得出来，他们收集这些东西是经过考虑的，不是无缘无故的。

6月7日这天写着："挂出了公告牌，要求把收集到的所有东西都交给值日生。"

6月10日，值日生的记录："图拉斯带回一只天牛，米罗诺夫带回一个甲虫，加甫里洛夫带回一条蚯蚓，雅科夫列夫带回荨麻上的瓢虫和木蠹，鲍尔晓夫带回一只在围墙上的小鸟。"

而且，几乎每天都有这样的记载。

"6月25日，我们远足到了一个池塘边，捉了许多蜻蜓的幼虫。我们还捉到一条北螈，这是我们很需要的。"

有些孩子甚至描述了他们捕捉到的动物。"我们收集了水蝎子和水蚤，还有青蛙。青蛙有四条腿，每条腿有四个脚趾。青蛙的眼睛是黑色的，鼻子有两个小孔。青蛙有一双大大的耳朵。[1] 青蛙给人带来巨大的益处。"

---

① 青蛙没有耳廓，眼睛后方的圆圈状班纹是它的耳朵。

冬天，孩子们凑钱在商店里买了我们州没有的动物：乌龟、毛色鲜艳的鸟类、金鱼、豚鼠。你走进屋去，那里有毛茸茸的，有赤身裸体的，也有披着羽毛的住户，有“叽叽”叫的，有唱着悦耳动听的歌儿的，还有哼哼唧唧叫的，像个名副其实的动物园。

孩子们还想到彼此交换自己饲养的动物。夏天，一所学校抓了许多鲫鱼，而另一所学校养了许多兔子，已经安置不下了。孩子们就开始交换：四条鲫鱼换一只兔子。

这都是低年级的孩子做的事。

年龄大一些的孩子就有了自己的组织，几乎每一所学校里都有少年自然界研究小组。

圣彼得堡少年宫有一个小组，学校每年派自己最优秀的少年自然界研究者到那里参加活动。在那里，年轻的动物学家和植物学家学习观察和捕捉各种动物，在它们失去自由的情况下照料它们，制作成套的动物标本；收集植物，把它们弄干燥，制成标本。

整个学年从头至尾，小组成员都经常到城外各处去参观游览。夏天，他们整个中队远离圣彼得堡，外出考察。他们在那里住了整整一个月，每个人做自己的事：植物学爱好者收集植物；兽类学研究者捕捉老鼠、刺猬、鼩鼱、兔崽子和别的小兽；鸟类学研究者寻找鸟巢，观察鸟类；爬虫学研究者捕捉青蛙、蛇、蜥蜴、北螈；水文学研究者捕捉鱼和各种水生动物；昆虫学研究者搜集蝴蝶、甲虫，研究蜜蜂、黄蜂、蚂蚁的生活。

少年米丘林工作者在学校附属的园地开辟了果树和林木的苗圃。在自己不大的菜园里，他们获得了很高的产量。

所有人都就自己的观察和工作写了详细的日记。

下雨和刮风，露水和炎热，田间、草地、河流、湖泊和森林中的生灵，集体农庄中庄员的农活儿，没有一样逃得了少年自然界研究者的注意。他们研究的是我们祖国巨大而形式多样的财富。

在我国，前所未有的新一代未来的科学家、研究人员、猎人、动物足迹研究者、大自然的改造者正在成长。

狩猎纪事

对熊的围猎

1月27日，塞索伊·塞索伊奇没有回家转一下，从森林里出来就直接去了相邻农庄的邮局。他给圣彼得堡一位自己熟悉的医生，也是一个捕熊的猎人，发了封电报："找到了熊洞，来吧。"

第二天来了回电："我们三人2月1日出发。"

塞索伊·塞索伊奇开始每天早晨去察看熊洞。熊在里面睡得沉沉的。在洞口外的灌木上，每天都有新结的霜——野兽呼出的热气到达了这里。

1月30日，塞索伊·塞索伊奇检查过熊洞后遇见了同农庄的安德烈和谢尔盖。两位年轻的猎人正到森林里去打松鼠。他想提醒他们别到熊洞所在的那座林子去，但转而一想：两个小伙子正年轻，好奇心重，会想去看看熊洞，把熊吵醒。所以他没吭声。

31日清晨他来到这里，不禁"啊"地大叫了一声——熊洞翻乱了，野兽逃走了！离洞50步的地方，一棵松树倒下了。看来谢尔盖和安德烈向树上的松鼠开了枪，松鼠卡在枝丫上了，所以他们就砍倒了这棵树。熊被吵醒，就逃走了。

两个猎人滑雪板的印痕是从被砍倒的树的一边延伸出去的，而野兽的足迹从熊洞去向了另一个方向。幸好在茂密云杉林的遮掩下两个猎人没有发现熊，也没有去追赶。

塞索伊·塞索伊奇不失时机地沿着熊迹跑了过去。

第二天傍晚，两位熟悉的圣彼得堡人——医生和上校到了，和他们一起来的还有第三位，一位态度傲慢、身材魁梧的公民，他蓄着一撮乌黑发亮的唇须和精心修剪过的胡子。

塞索伊·塞索伊奇第一眼见到他就不喜欢他。

“哼，倒够精致的，”小个儿猎人打量着陌生人，心里想，“你装吧，年纪不轻了，可整个脸还红通通的，胸膛挺得跟公鸡似的。哪怕有一撮白头发也好啊。”

尤其叫塞索伊·塞索伊奇窝心的是，他在这个傲慢的城里人面前承认自己没有看住野兽，对熊洞掉以轻心了。他说熊待的那座林子找到了，还没有它出逃的足迹。不过，野兽现在睡在听得见声音的地方，在雪面上。现在，只能用围猎的办法把它弄到手。

傲慢的陌生人听到这个消息，鄙夷地皱起了眉头。他什么也没有说，只问野兽个头儿大不大。

“脚印很大，”塞索伊·塞索伊奇回答说，“野兽的重量不会少于200千克，这点我可以保证。”这时傲慢的人耸了耸像十字架一样笔挺的肩膀，对塞索伊·塞索伊奇连看都不看，说道：“请我们来是看熊洞的，却只好围猎了。围猎的人究竟会不会把熊往猎人跟前赶啊？”

这个侮辱性的疑问刺痛了小个儿猎人，但是他没搭腔。他只在心里想：“赶是会赶的，你等着瞧，可别让狗熊杀了你的威风。”

他们开始商讨围猎计划。塞索伊·塞索伊奇提醒说，面对如此巨大的野兽应当在每个猎人身后配备一名后备射手。

傲慢的那位激烈反对：“有道是谁对自己的射击技术没有信心，谁就不该去猎熊。猎人后面干吗还要跟个保镖？”

“好一个勇敢的汉子！”塞索伊·塞索伊奇暗想。

这时上校却坚定地表示，谨慎从来不会坏事，所以后备射手是很有必要的。医生也附和他的意见。

傲慢的那位不屑地瞟了他们一眼，耸了耸肩，说：“你们既然害怕，就照你们说的做吧。”

次日早晨，塞索伊·塞索伊奇趁天还没有亮就叫醒了三个猎人，然后自己去把帮助围猎的召集来。

他回到农舍时，傲慢的那位从一只包着丝绒面的轻便小箱子里取出两把猎枪。装枪的箱子有点儿像提琴箱。塞索伊·塞索伊奇看了挺眼热的——这么棒的猎枪他还没见过。

傲慢的那位收起枪，开始从箱子里掏出弹壳金光锃亮、弹头有圆也有尖的一发发子弹。这样做的时候，他告诉医生和上校，他的枪有多好，子弹有多厉害，他在高加索如何打野猪，在远东如何打老虎。

塞索伊·塞索伊奇虽然不露声色，心里却觉得自己更矮了一截。他非常想更近地凑过去，好生见识见识这两把了不起的猎枪。不过，他仍然没有勇气请求让他亲手拿拿这两把枪。

天刚亮，长长的雪橇队就出了村。走在前头的是塞索伊·塞索伊奇，他后面是四十个围猎的人，最后是三个外来人。

在距熊藏身的那座林子1000米的地方，整个雪橇队停了下来。三个猎人钻进了土窑去烤火取暖。

塞索伊·塞索伊奇乘滑雪板去察看野兽和分布围猎的人。

看上去一切正常，熊也没从围困的地方出走。

塞索伊·塞索伊奇把呐喊驱兽的人呈半圆形分布在林子的一侧，在另一侧布置不发声音的一拨人。

对熊的围猎不同于对兔子的围猎。呐喊驱兽的不用拉网似的从林子里走过去。他们在整个围猎过程中始终站在原地。不发声的人在呐

喊驱兽人到射击线之间的两翼分布，以防野兽离开呐喊的人朝侧面逃奔。不发声的人不可以叫喊。如果野兽向他们走去，他们只可摘下帽子对着野兽挥舞。他们这样做，就足以使熊进入射击范围。

分布好围猎的人，塞索伊·塞索伊奇就跑到猎人那儿，把他们带到各自的位置。一共只有三个位置，彼此相距25～30步。小个儿猎人应当把熊赶上这条总共才100步宽的狭窄通道。

在一号位置上，塞索伊·塞索伊奇安排了医生，在三号位置上安排了上校，那位傲慢的公民被安排在中间，也就是二号位置。这里是退路——熊进入林子留下足迹的地方。熊从藏身地逃走时，最多的是走进来的路线。

在傲慢的那位后面，站着年轻猎人安德烈。选择他是因为他比谢尔盖有经验，也有耐心。

安德烈是以后备射手的身份站在那里的。后备射手只有当野兽突破射击线或扑向猎人时才可开枪。

所有的射手都穿着灰色长袍。塞索伊·塞索伊奇悄声下达了最后的命令：不许喧哗，不许抽烟，呐喊声响起后原地一动也不动，放野兽尽可能靠近。然后他又跑到呐喊的人那里去了。

经过了令猎人心焦的半个小时。

终于，猎人的号角吹响了——两下拖长了调子、低沉的号角声顿时响彻了落满白雪的森林，仿佛在冰冷的空中冻结了，久久不肯散去。

随之而来的是寂静的短暂瞬间。突然一下子爆发出呐喊驱兽人的说话声、呼号声、呐喊声，每个人都施展出各自的本领。有人用男低音呼叫，有人装狗叫，有人发出难听的猫的尖叫。

用号角发过信号后，塞索伊·塞索伊奇和谢尔盖一起乘滑雪板飞速向林子跑去——激起野兽。

对熊的围猎不同于对兔子的围猎。除了呐喊和不出声的围猎者，还得设立双层包围，其作用是把熊从睡觉的地方激起来，使它往射手的方向跑。

塞索伊·塞索伊奇从足迹上知道，这野兽个头儿很大。但是，当一个像板刷一样毛茸茸的黑色野兽背脊出现在云杉树丛的上方时，小个儿猎人打了个哆嗦，惊慌之中他胡乱对空开了一枪，同时和谢尔盖异口同声地叫了起来："跑了，跑——了！"

对熊的围猎确实和对兔子的围猎不一样。这中间要经过长时间的准备，打猎时间却很短。但是由于长时间激动不安的等待和对危险的估计，在这次打猎过程中，射手们觉得一分钟像半个小时那么长。当你看到野兽或听见邻近位置上的枪声，从而明白不等你动手一切就已结束时，那就够你受的了。

塞索伊·塞索伊奇冲上前去追熊，想让它拐向该去的地方，可是徒劳无功——要赶上熊是不可能的。人如果不踩滑雪板，在那里每一步都会陷入齐腰的雪中，而要从雪中拔腿又谈何容易，可是熊走起来却像坦克一样，只听到它一路上压断灌木和树枝的咔嚓声。它走起来像一艘滑行艇——一种带空中螺旋桨的机动小艇，在两边扬起两道高高的雪粉，仿佛两只白色翅膀。

野兽在小个儿猎人的视野里消失了。但是没过两分钟，塞索伊·塞索伊奇就听到了枪声。

塞索伊·塞索伊奇用一只手抓住了就近的一棵树，以便止住飞驰的滑雪板。

结束了？野兽被打死啦？

然而，回答他的是第二声枪响，接着是绝望的一声喊叫，恐惧和疼痛的喊叫。

塞索伊·塞索伊奇拼命向前冲去，朝着射手的方向。

他赶到中间那个位置时，正好上校、安德烈和脸色像雪一样煞白的医生揪住熊的毛皮，把它从倒在雪地里的第三个猎人身上拉起来。

事情的经过是这样的。熊顺着自己的退路走，正对着一号位置。猎人忍不住了，在60步远的距离朝野兽开了一枪，当时照理应当在10～15步的距离开枪的。当这么大一头看似笨拙的野兽以如此快的速度奔袭而来时，只有在这样的距离，子弹才能准确无误地击中它的头部或心脏。

从上好的猎枪射出的开花子弹，在野兽的左后大腿上开了花。野兽痛得发狂了，就扑向了射手。那位忘记自己的猎枪里还有子弹，而且身边还有一支备用猎枪的人，完全慌了神。他丢掉猎枪，掉头想跑。

野兽使尽全力向使自己吃亏的人的背部打去，把他压在了雪地里。

安德烈——后备射手——毫不含糊，他把自己的枪管捅进张开的熊嘴，扣了两下扳机。可双筒枪卡壳了，打出了可怜的噗噗两下哑枪。

站在邻近三号位置的上校看见了一切。他看到邻近的伙伴生命受到威胁，应该开枪。但他知道如果打偏了，可能就会把邻近的伙伴打死。上校跪下一条腿，对着熊的脑袋开了一枪。

巨大野兽的前半身猛地挺了起来，在空中僵持了一瞬间，随即突然沉重地落到躺在它下面的人身上。

上校的子弹穿过了它的太阳穴，顿时叫野兽送了命。

医生跑到了跟前，他和安德烈还有上校三人一起抓住打死的野兽，不管下面的猎人是死是活，也要把他解救出来。

这时塞索伊·塞索伊奇也赶到了，就跑上前去帮忙。

大家把沉重的熊尸搬开，把猎人扶了起来。猎人活着，而且完好

无损，只是脸色白得像死人，因为熊还来不及撕掉他的头皮。但是，他无法正面看着别人的眼睛。

他被放上雪橇送到了农庄里。在那里他恢复了常态，尽管医生一再劝他留下来过夜，休息休息再上路，可他还是拿了熊皮去了火车站。

“唔——是啊，”在讲完这件事后，塞索伊·塞索伊奇若有所思地补充说，“我们忽略了一件事——不该把熊皮给他。他现在也许正在很多人家的客厅里大吹大擂，说他打死了一头熊，说那野兽差不多有300千克重……真是个吓人的家伙。”

本报特派记者

公　　告

别忘了无人照料和忍饥挨饿的动物

在忍饥挨饿月，别忘了致命的暴风雪，别忘了自己弱小的鸟类朋友。

每天在鸟类食堂放上食物。

为小鸟安顿过夜的地方：椋鸟舍、山雀箱、在圆木上挖洞的鸟巢。

给山鹑放置小窝棚。

在自己的同学和熟人中为饥饿的鸟募集捐助品。

有人捐谷物，有人捐油脂，有人捐浆果，有人捐面包屑，还有人捐蚂蚁卵。

小小的鸟需求得多吗？

它们中间有多少只将会被你从濒临饿死的境地中拯救出来！

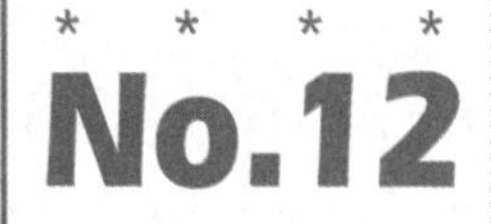

No.12

（冬季第三月）

2月21日至3月20日太阳进入双鱼宫

МЕСЯЦ ДОТЕРПИ ДО ВЕСНЫ

* * * * * * * * *

熬待春归月

一年——分十二个月谱写的太阳诗章

2月是越冬月。临近2月时开始不断地刮暴风雪。暴风雪在茫茫雪原上飞驰而过，却不留下任何踪影。

这是冬季最后一个月，也是最可怕的月份。这是啼饥号寒的月份，也是动物发情、野狼袭击村庄和小城的月份——由于饥馑，它们叼走狗和羊，到夜晚往羊圈里钻。所有的兽类都变瘦了，秋季贮存的脂肪已经不能保暖，不能供给养分。

小兽们在洞穴内和地下粮仓内的贮备正在渐渐耗尽。

对许多生灵来说，积雪正从保存热量的朋友转变成越来越致命的仇敌。在不堪负荷的重量下，树木的枝丫被纷纷压断。野鸡们——山鹑、花尾榛鸡和黑琴鸡喜欢深厚的积雪，因为它们可以一头钻进里面，安安稳稳地睡觉。

然而灾难接踵而至，白天解冻以后到夜里又严寒骤降，雪面上便结起了一层硬壳。任你用脑袋去撞击这层冰壳也撞不破，直到太阳把冰盖烤化！

低空吹雪一遍遍地横扫大地，填平了走雪橇的道路。

能熬到头吗？

森林年中的最后一个月，最艰难的一个月——熬待春归月来临了。

森林里所有居民粮仓中的储备已快用完。所有兽类和鸟类都变瘦了——皮下已没有保温的脂肪。由于长时间在饥饿中度日，它们的力量减退了好多。

而现在，仿佛有意捣蛋似的，森林里刮起了阵阵暴风雪，严寒越来越厉害。冬季还有最后一个月好游荡，它却让最凶狠的天寒地冻的气候降临大地。每一头野兽，每一只鸟，现在可要坚持住，鼓起最后的力量，熬到大地回春时。

我们驻林地的记者走遍了所有森林。他们担心着一个问题：野兽和鸟类能熬到春暖花开的时候吗？

他们在森林里不得不见到许多悲惨的事情。森林里有些居民受不了饥饿和寒冷——夭折了。其余的能勉强支撑着再熬过一个月吗？确实会遇到这样的一些动物，但没有必要为它们担惊受怕——它们不会完蛋。

严寒的牺牲品

严寒又加上刮风是很可怕的。每每这样的天气过后，在雪地里，你不是在这里就是在那里发现冻死的兽类、鸟类和昆虫的尸体。

暴风雪从树桩下、被风暴摧折的树木下刮过，而那里恰恰是小小的兽类、甲虫、蜘蛛、蜗牛、蚯蚓的藏身之地。

温暖的积雪从这些地方被吹落，在凛冽的风中冻结成冰。

就这样，暴风雪能把飞行中的鸟杀死。乌鸦是相当有耐受力的鸟类，但是在持久的暴风雪以后，我们往往会发现它们死在了雪地里。

暴风雪过去了，现在该卫生员忙碌了。猛禽和猛兽在森林里搜索，把被暴风雪杀死的一切收拾干净。

穿着轻盈的衣服

今天，在隐秘的角落里，我已经发现了款冬。它正鲜花怒放，傲寒而立。仔细一看，原来它的这些茎裹着一层轻盈的衣服：像鱼鳞似的小薄片，蛛丝一样的绒毛。现在，穿大衣都觉得冷，它们也总得穿点儿什么吧。

款冬凭借一丝热气，顽强地生存下来。抓住机会、耐住严寒，让它在冰天雪地里开出了美丽的花。

不过，你们不会相信我——周围是白雪世界，哪来的什么款冬呀？

可我告诉过你，那是在我“隐秘的角落”里发现的。这就是它所在的地方：一幢大厦的南侧，而且在那个位置，那里正好经过蒸汽暖气的管道。“隐秘的角落”是一块化了雪的黑土地，那里的地上像春天一样冒着热气。

但是，空气中是一片严寒！

H. M. 帕甫洛娃

钻出冰窟窿的脑袋

一个渔夫在涅瓦河口芬兰湾的冰上走路。经过一个冰窟窿时，他发现从冰下伸出一个长着稀疏的硬胡须的光滑脑袋。

渔夫想，这是溺水而亡的人从冰窟窿里探出的脑袋。但是，突然那个脑袋向他转了过来，于是，渔夫看清了这是一头野兽长着胡须的嘴脸，外面紧紧包着一张长着油光光短毛的皮。

两只炯炯发光的眼睛顿时直勾勾地盯住了渔夫的脸。然后扑通一声，嘴脸在冰下面消失了。

这时渔夫才明白，自己看见了一头海豹。

海豹在冰下捕鱼。它只是把脑袋从水里探出一小会儿，以便呼吸一下空气。

冬季，渔民经常在芬兰湾趁海豹从冰窟窿爬到冰上时把它们打死。

甚至常会有海豹追逐鱼儿而游入涅瓦河的事。在拉多什湖上有许多海豹，所以那里有了正式的海豹捕猎业。

春天的预兆

尽管这个月份还十分寒冷，但已非隆冬时节可比。尽管积雪依然深厚，却不再那么耀眼和洁白。它变得有点儿暗淡、发灰和疏松了。屋檐下挂起了渐渐变长的冰锥，冰锥上又滴下融雪的水滴。你一眼看去，地面已有了一个个水洼。

太阳越来越长时间地露脸了，它已经开始传送暖意。天空也不再那么冷冰冰地泛着一派惨白的蓝色，它一天天地变得蔚蓝。上面的浮云也不再是那灰蒙蒙的冬云，它已变得密密层层，偶尔还会有低垂的巨大云团滚滚而来。

刚透出一线阳光，窗口就有欢乐的山雀来报信了：

“把大衣脱了，把大衣脱了，把大衣脱了！”

夜里，猫咪在屋顶上开起了音乐会和比武大会。

森林里偶尔会敲响啄木鸟的鼓点。尽管它是用喙在敲打，但听起来像是它在唱歌！

在密林最幽深的去处，在云杉和松树下的雪地上，不知是谁画上了许多神秘的记号，许多莫解的图案。在看到这些图形时猎人的心会顿时收紧，然后激烈地跳动起来：这可是雄松鸡——森林里长着大胡子的公鸡，在春季雪面坚硬的冰壳上用强劲翅膀上坚硬的羽毛画出的花样。这就表明……表明松鸡的情场格斗，那神秘的林中音乐会眼看着就要开场了。

都市新闻

修理和建筑

全城都在修理旧屋和建造新房。

老乌鸦、寒鸦、麻雀和鸽子正在忙于修理自己去年筑的巢。去年夏天生的年青一代，正为自己造新窝。对建筑材料的需求迅猛上升——需要树的枝杈、麦秸、柔韧的树枝、树条、马毛、绒毛和羽毛。

鸟类的食堂

我和我的同学舒拉非常喜欢鸟。冬天的鸟，像山雀和啄木鸟之类的，经常挨饿。我们决计为它们做食槽。

我家屋边长着许多树，上面经常有鸟停下来用自己的喙觅食。

我们用胶合板做成浅浅的箱子，每天早晨往里面撒谷粒。鸟已经习惯，再也不怕飞近前来，而且乐意啄食。我们认为，这对鸟大有好处。

我们建议所有的孩子都来做这件事。

驻林地记者　瓦西里·格里德涅夫

亚历山大·叶甫谢耶夫

返回故乡

愉快的消息传到了《森林报》编辑部。这些消息写自埃及、地中海沿岸、伊朗、印度、法国、英国、德国。消息中写道："我们的候鸟已经启程回乡。"

它们从容不迫地飞着，一寸寸地占据正从冰雪中解放出来的土地和水域。估计要在我们这儿冰雪开始融化、河流开始解冻的时候，它们才能来到我们这里。

雪下的童年

外面正在解冻。我去取种花用的土，路上我顺便看了看我养鸟的园子。那里有我为金丝雀种的繁缕。金丝雀很喜欢吃它鲜嫩多汁的绿色茎叶。

你们当然知道繁缕，是吗？油亮的小叶子，勉强看得见的白白的小花，总是彼此缠绕的脆脆的小茎。

它紧靠着地面生长，园子里你照管不过来——它已经爬满所有的地垄了。

就这样，我在秋天撒了种子，但已经太迟。它们发芽了，但来不及长出苗来，一根小茎和两片叶子就都被盖到了雪下。

我没指望它们能活下来。

但结果怎么样呢？我一看，它们长出来了，还长大了。现在它们已经不是苗苗，而是一棵棵小小的植物了，甚至还有了几个花蕾！

真不可思议，这可是发生在冬季，在皑皑白雪下面发生的事！

H. M. 帕甫洛娃

摘自少年自然界研究者的日记

一位新来者的诞生

今天是我非常高兴的日子。我早早地起了床，正当日出的时候，我看见了一位新来者的诞生。

新来者就是初升的月亮，它一般在晚上日落以后才露面。人们很少在清晨日出之前见到它。它比太阳升起得早，已经高高地爬上天空，宛如薄薄的一弯珍珠般的镰刀，闪耀着金灿灿的晨光，显得如此温暖、欢乐，这样的月亮我以往从未见过。

驻林地记者　维丽卡

神奇的小白桦

昨天傍晚和夜里下了一场温暖而黏湿的雪，门口台阶前的花园里，我那棵可爱的白桦树上，光秃秃的树枝和整个白色的树干沾满了雪花。可凌晨时，天气却骤然变得十分寒冷。

太阳升上了明净的天空。我一看，我的小白桦变成了一棵神奇的树，它全身仿佛被浇了一层糖衣，直至每一根细小的枝条。湿雪结成了薄冰。我的整棵白桦树都变得亮晶晶的。

尾巴长长的山雀飞来了。一只只毛茸茸的，暖和得很，仿佛一颗颗插着编针的小小的白色毛线球。它们停到小白桦上，在枝头辗转跳跃——用什么当早餐呢?

它们爪子打着滑，嘴又啄不穿冰壳，白桦只冷漠地发出玻璃般细细的叮咚声。

山雀抱怨地尖叫着飞走了。

太阳越升越高，越晒越暖，化开了冰壳。

神奇的白桦树上，所有的枝条和树干开始滴水，它仿佛变成了一个冰的喷泉。

开始融雪了。白桦树的枝条上流淌着一条条银光闪闪的小蛇，熠熠生辉，变幻着五光十色。

山雀回来了。它们不怕弄湿了爪子，纷纷停上枝头。现在它们高兴了——爪子再也不会打滑，化了雪的白桦树还招待它们享用了一顿美味的早餐。

驻林地记者　维丽卡

最初的歌声

在一个酷寒而阳光明媚的日子里，城里的各个花园里响彻了春季最初的歌声。

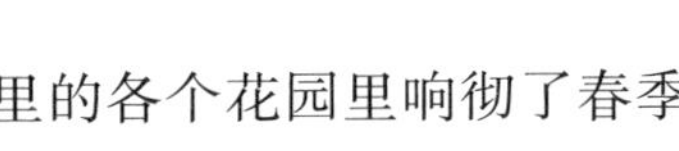

唱歌的是一种叫“津奇委尔”的山雀。歌声倒十分简单：

“津——奇——委尔！津——奇——委尔！”

就这么个声音。不过这首歌唱得那么欢，仿佛是一只金色胸脯的活泼小鸟想用它鸟类的语言告诉天下：“脱去外衣！脱去外衣！春天来了！”

狩猎纪事

熊洞边的又一次遭遇

塞索伊·塞索伊奇踩着滑雪板走在一块长满苔藓的大沼泽地上。

当时正值二月底，下了很多雪。

沼泽地上耸立着一座座孤林。塞索伊·塞索伊奇的莱卡狗佐里卡跑进了其中的一座林子，消失在树丛后面。突然从那里传来了狗叫声，而且叫得那么凶，那么激烈。塞索伊·塞索伊奇马上明白猎狗碰上熊了。

这时小个儿猎人颇为得意，因为他带了一把能装五发子弹的好枪。于是，他急忙向狗叫的方向赶去。

佐里卡对着一大堆被风暴刮倒的树木狂叫，那上面落满了雪。塞索伊·塞索伊奇选择好位置，匆匆忙忙从脚上脱去滑雪板，踩实脚下的积雪，做好了射击的准备。

很快从雪地里露出一个宽脑门儿的黑脑袋，闪过一双睡意蒙眬的绿色眼睛。按捕熊人的说法，这是野兽在和人打招呼。

塞索伊·塞索伊奇知道，熊在遭遇敌手时仍然要躲起来。它会到那里的洞里躲起来，再猛然跳出来。所以，猎人趁野兽把脑袋藏起来之前就开了枪。

然而过快的瞄准反而不准，后来猎人得知子弹只伤了熊的面颊。

野兽跳了出来，直向塞索伊·塞索伊奇扑来。

幸好第二枪几乎正中目标，将野兽打翻在地了。

佐里卡冲过来撕咬死熊的尸体。

熊扑过来时，塞索伊·塞索伊奇来不及害怕。但是当危险过去以后，强装的小个儿猎人一下子全身瘫软了，眼前一片模糊，耳朵里嗡嗡直响。他往整个胸腔里深深地吸了一口冰冷的空气，仿佛从沉重的思虑中清醒了过来。这时他才觉得刚才自己经历了一件可怕的事情。

在和巨大的猛兽危险地面对面遭遇后，每一个人，即使是最勇敢的人，往往都会有这种感受。

突然佐里卡从熊的尸体边跳开，“汪汪”叫了起来，又冲向了那个树堆，不过现在是向另一边冲过去。

塞索伊·塞索伊奇瞟了一眼，惊呆了——那里露出了第二头熊的脑袋。

小个儿猎人一下子镇定下来，很快就瞄准，瞄得很仔细。

这次他成功地一枪把野兽就地撂倒在树堆边。

然而几乎是在顷刻之间，从第一头熊跳出的黑洞里冒出了第三头熊的宽脑门儿棕色脑袋，而在它后面又跟着冒出了第四头熊的脑袋。

塞索伊·塞索伊奇慌了神，恐惧攫住了他。似乎整个林子里的熊都聚集到了这个树堆里，而此刻都向他爬来了。

他瞄也没瞄就开了一枪，接着又开了一枪，然后把打完子弹的枪扔到了雪地里。他发现第一枪打出以后，棕色的熊脑袋不见了，而佐里卡意外地撞着了最后一颗子弹，竟一枪毙命倒在了雪地里。

这时他双腿发软，下意识地向前跨了三四步。塞索伊·塞索伊奇绊着了他打死的第一头熊的尸体，倒在了上面，接着就失去了知觉。

他这样不知躺了多久。苏醒的过程令人胆战心惊：有什么东西在揪他的鼻子，很痛，他想去抓鼻子，但是手碰到了暖烘烘、毛茸茸会动的东西。他睁开了眼睛——一双睡意蒙眬的绿色熊眼睛正盯着他的双眼。

塞索伊·塞索伊奇一声惊叫，那声音已不是他自己的了，他猛然一挣，把鼻子拽出了野兽的嘴。

他像个呆子似的站了起来，拔腿就跑，但马上跌进了齐腰深的雪里，陷在了雪地里。

他回头一看，方才明白刚才揪他鼻子的是一头小熊崽儿。

塞索伊·塞索伊奇的心没能马上平静下来，他弄清楚了自己历险的全过程。

他用最先的两颗子弹打死了一头母熊。接着，从树堆的另一边跳

出来的是一头三岁的幼熊。

幼熊年纪还小，是雄性。夏天它帮熊妈妈带小弟弟小妹妹，冬季就在离它们不远的地方冬眠。

在这堆被风暴摧折的树堆里，有两个熊洞。一个洞里睡着幼熊，另一个洞里睡着母熊和两头一岁的熊崽子。

熊崽子还小，体重充其量跟一个12岁的人差不多。但是它们已经长出了宽宽的脑门儿、大大的脑袋，以致猎人因为受了惊吓糊里糊涂就把它们当成了成年熊。

猎人晕倒在地时，熊的家庭中唯一幸存的小熊崽儿走到了熊妈妈身边。它开始拱死去的母熊的胸脯，碰到了塞索伊·塞索伊奇温暖的鼻子，显然它把塞索伊·塞索伊奇这个不大的突出物当成了母亲的乳头，于是叼进嘴里吸了起来。

塞索伊·塞索伊奇把佐里卡就地在林子里埋了。他抓住熊崽儿带回了家。

这头小熊崽儿原来是头很好玩儿又很温和的野兽，非常依恋因失去佐里卡而孤身一人的小个儿猎人。

本报特派记者

公　告

最后时刻的紧急电报

城里出现了先到的白嘴鸦。冬季结束了，森林里现在是新年元旦。现在，请你重新从第一期开始阅读《森林报》。

轻松一课

一、对抗严寒

面对寒冷的冬天，小动物们和植物们都有自己的生存技巧。通过阅读和平时的积累，你一定有了一些自己的认识，选择两到三种植物或者动物，把它们的越冬方式写下来吧。

二、动物资料卡

通过这些天的阅读，相信你已经认识了不少动物。留心观察自己身边的小动物，选择三种，将它们的特点记录在下面吧！

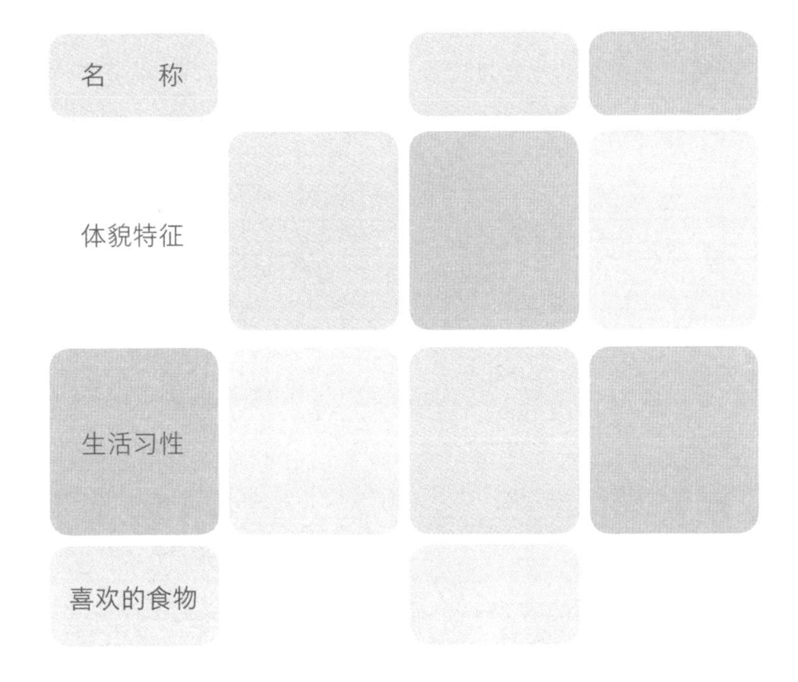

名　称			
体貌特征			
生活习性			
喜欢的食物			

阅读日记

《森林报》是一部描写森林的生动有趣的百科全书。全书的风格轻松活泼，带我们走进了一个多姿多彩的森林王国。在这里，你可以体验动植物的情感，了解它们的生活习性和主要特征。读完这本书，你是否有所收获，甚至想到森林里一探究竟呢？把自己的感悟写在下面吧！